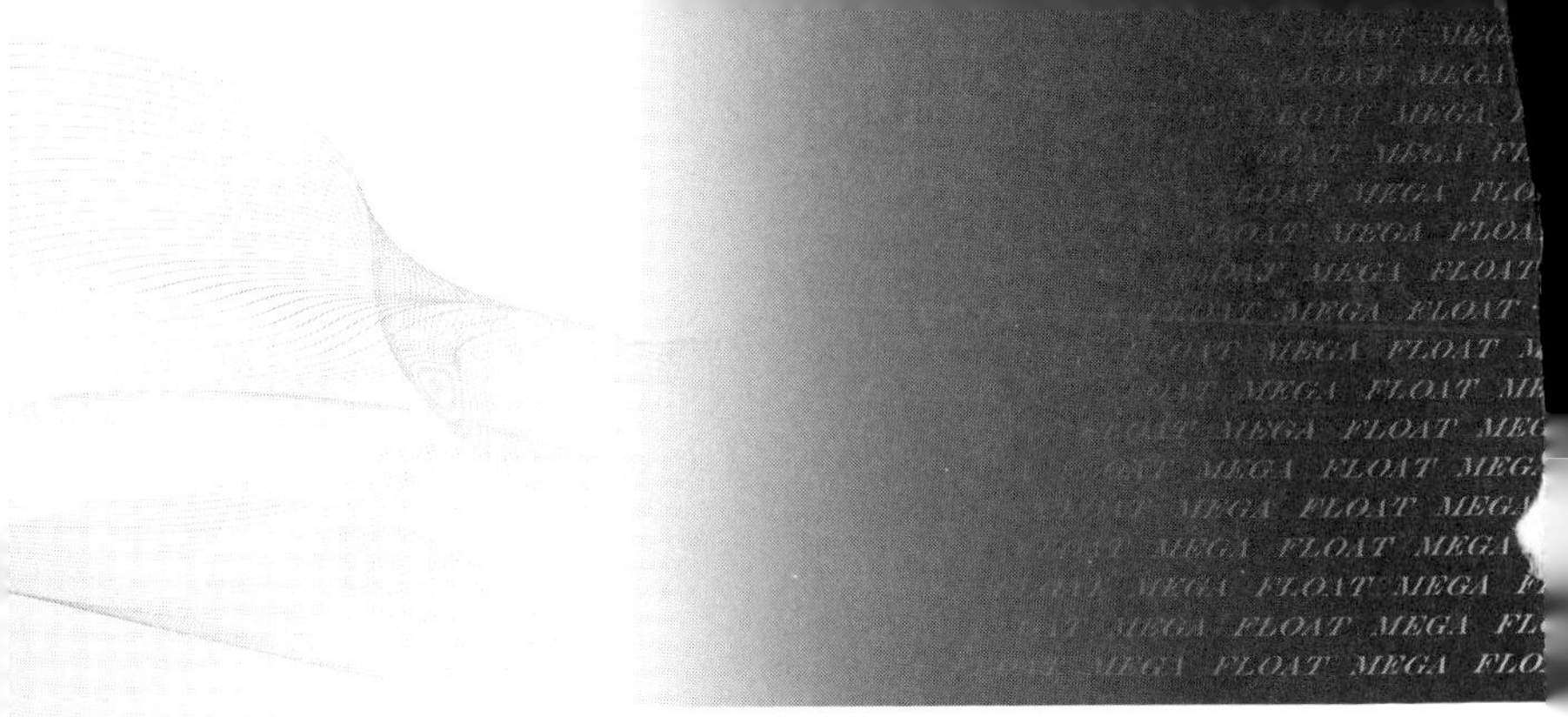

海洋空間を拓く
メガフロートから海上都市へ

海洋建築研究会 編著

成山堂書店

海洋空間を拓く
メガフロートから海上都市へ

はじめに

海を利用することへの果てなき夢は、人々のあくなき探究心と科学・技術の力により具体化されてきています。中でも人工島や海上都市建設の夢は現実のものとなり私たちの前に現れてきています。

今日の人工島や海上都市建設のための技術は従来までの工法と大きく異なりますが、その1つに超大型の浮体式構造物を用いて建設する方法があります。この人工島は「メガフロート」と呼ばれ、英文では Mega-Float と書き、ギリシャ語と英語による超大型浮体式構造物を含むシステム全体を指す造語です。メガフロート技術は1995年に日本の造船業界が中心となり誕生しました。

メガフロートは、今後の日本の経済・社会情勢により、沿岸の浅海域から沖合の大水深域に利用の要請が拡大することに対応した革新的な技術です。具体化のため

２０００年に１０００ｍ規模の海上空港モデルが建造され、実際に航空機を用いて離着陸試験が行われ実用化が実証されました。その後、世界に向けてメガフロート技術を用いた各種プロジェクトが提案され今日具体化が進んでいます。

本書ではメガフロートの持つ技術的特徴を振り返ると共に、人類が取り組んできた「海の上を如何に使うか」、その探求心と社会的要請を踏まえると共に「浮体式構造物の歴史」、海の上を利用するために「克服すべき環境条件」を解説。メガフロート技術を用いた「医療施設」の構想及び建築家の長年の夢であった「海上都市建設」について、日本と世界の動向を解説し、合わせて新しい国土の創造を担う海洋空間利用について解説していきます。

平成29年２月

海洋建築研究会

目次

第1章 海の上を使うには

1.1 海洋の空間利用の歴史

(1) 黎明期の海洋空間利用

私たちは遥か悠久の昔から海への憧れや想いを抱き、水産物やエネルギー・資源採取の場、余暇活動の場、運輸交易の場として海の利用を図るための努力を重ね、具体的な技術を獲得してきました。加えて、海が持つ広大な空間、すなわち真平な海の表面となる空間(海面)についてもその利用を図ってきました。

その特筆すべき利用方法としては、1168年に平清盛により造営された海上社殿を有する厳島神社を

図 1.1　厳島神社

挙げることができます。厳島神社は、現在の広島県宮島の北西部に位置する御笠浜の奥深い湾形の遠浅の砂浜の上に建てられています。この浜は本州側を向いているため、瀬戸内海側から吹く風を島が遮り、風波の影響が穏やかな場所となっています。ここに立つ社殿は高床式の長い柱の上に建物が載せられているので、床下は満ち潮の時は地形に沿って一面が海となり、社殿がまるで海面に浮かんでいるかのようにも見えます。海上に社殿を建てるという発想は世界に類を見ることはなく、厳島神社は海洋の空間を利用したものとして傑出した出来栄えの建築といえます（図1・1）。

こうした海洋の空間利用は日本では江戸時代の頃から増えはじめましたが、広範囲な空間利用の最初のものとしては、1596（文禄4）年に江戸の市街地や武家屋敷のための用地創出が図られた日比谷入江の埋立事業があります。海洋の空間利用は、それぞれの時代の要請に基づいて展開され、昭和時代になると経済活動が活況を呈し、高度経済成長期を迎

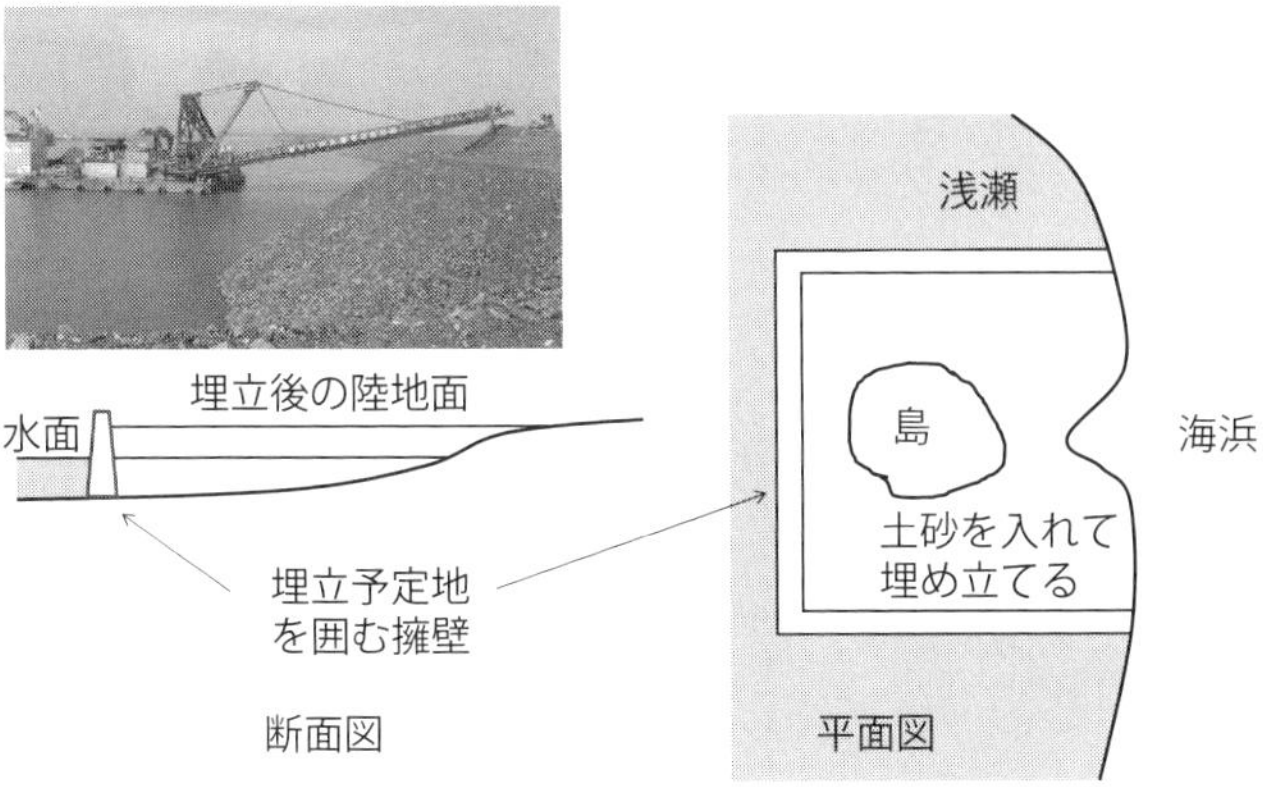

図 1.2　埋立てのイメージ

えて各地の沿岸部に臨海工業地帯が造成されました。東京湾、伊勢湾、大阪湾を中心にして、港湾区域内での埋立てによる土地造成が行われ、その土地は産業の重化学工業化の進展に合わせて工業用地として利用されてきました。現在では、住宅用地、公園緑地、流通業務用地、下水処理場、廃棄物処理場、都市再開発用地など都市部の機能の拡張のためにも利用されています。海洋の空間利用は、日本の社会・経済の発展に大きく寄与した原動力の役割を果たしてきました。

　こうした広い土地を求めた海洋の空間利用は、もっぱら埋立てによるものでした。埋立ては、海面に土地として必要な区画を割り付けて、その周囲に石やコンクリートで擁壁と呼ばれる壁を造り、その内側を土砂で埋めることにより新たな陸地を造ります（図1・2）。この時、海中に埋立用の擁壁を造るには海が浅いほど容易ですし、埋立てに使用する土砂量も少なくて済みます。例えば、かつての東京湾は干潟が沖合に向けて1km以上も続く遠浅の干潟地形で、陸域から沖合に向かって海面を陸地化するには好都合な条件でした。そのため、江戸時代には洲や岩礁に沿って埋立てが行われました。現代も埋立ては浅い海が有利なことは変わりがありません。図1・2の写真は、関西国際空港の2番目の空港島を建設した時の埋立ての様子で、コンクリートの擁壁で囲まれた海域に、工事用の船で土砂を山積みして陸地を造ります。

（2）近代の海洋空間利用

図1・3は、江戸時代から現代までの東京湾の埋立ての範囲を示しています。1960年代初頭、当時の政府は産業の成長の中心地とその波及効果を狙った拠点開発方式を導入することで埋立てを積極的に推進し、川崎−千葉の海岸線一帯が埋め立てられ、そこに開発拠点となる工業地帯コンビナート群が形成されました。また、1970年代には各地で港湾整備を目的とした埋立事業が進められ、埠頭整備など港湾機能の向上が図られました。さらに、1980年代には、臨海部の主要都市で港湾背後の業務用地不足や都市域の活性化を目的に再開発用地や親水空間整備などの埋立造成が進みました。現在の東京駅八重洲口から東側はほぼ海で現在の日比谷あたりも海でした。こうした海面を埋め立てることで江戸の街は拡大し、その後も明治期、大正期、昭和期と時代を経るごとに埋立ては続けられ、現在の中央区佃島あたりから築地市場、品川駅周辺部の海辺も埋め立てられていきました。その後、大規模な埋立開発が展開され東京湾の水面の約2割に相当する約2万5000haが陸地になりました。

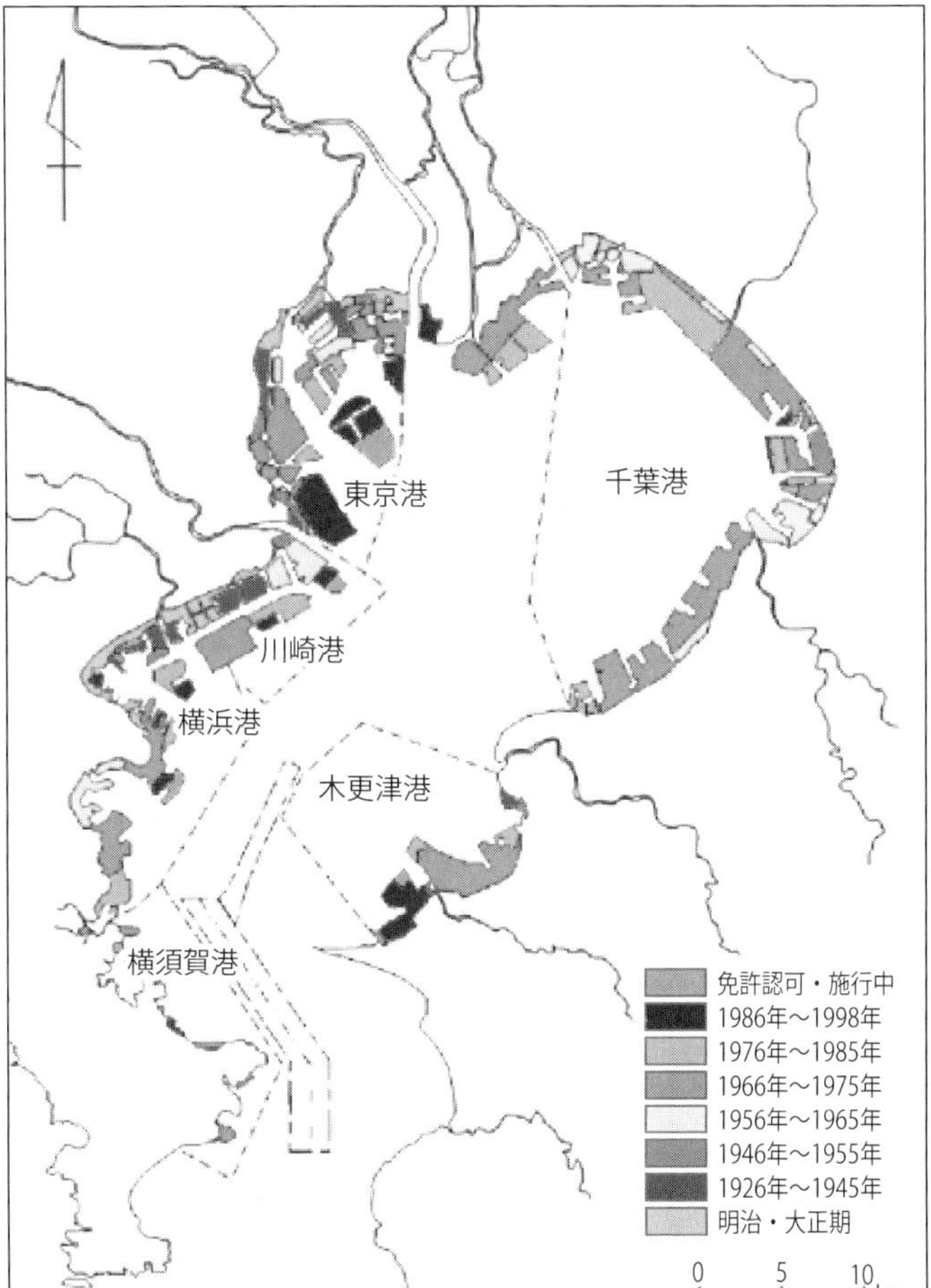

図 1.3　東京湾の埋立範囲（東京湾環境情報センターの HP）

一方、1975年には、長崎空港が世界初の海上空港として誕生し、新たな海洋空間の利用方法として、海上に空港を立地することの有益性が世界に向けて発信されました。元々、この頃の空港は航空機の大型化に合わせて滑走路の延伸が要され、それに伴う土地の確保や騒音問題への対処などが表面化していました。こうした問題を解決するために海の利用が一躍注目され、そして誕生したのが、東京国際空港（羽田空港）、中部国際空港（セントレア）、関西国際空港、神戸空港、北九州空港などです。これらの空港は都心部に近い比較的浅い海を埋立てて土地を造成することにより建設されました。

以上のような沿岸都市周辺の埋立てに対して、農業用の海の利用として干拓と呼ばれる工法があります。干拓は、湖沼や潟湖の一部を壁で仕切り、その水や海水を干上げるか汲み上げて陸地化することです。土砂で埋めることはないので埋立てとは異なり、海面より低い土地が創出されます。オランダ王国の国土がこの工法により造られてきました。日本でも多くの干拓が行われています。例えば、湖の干拓では八郎潟（湖）、海面の干拓では八代海や諫早湾の干拓が知られています。干出した土地の利用には、土砂に残された塩分や生物の除去が必要になりますが、これらを克服して農地の拡大が行われてきました。

（3）埋立海域の水深と土砂量

ここで埋立てにより創造された空間の広さと海域の水深や使用した土砂量の関係を、海上空港を例に見てみましょう。1975年に完成した長崎空港は、大村湾の中にあった島を切り崩し、その土砂を用いて島周辺を埋め立てて建設された海上空港です。島の地形をうまく利用したので、空港用地のすべてが埋立地ではありません。東京国際空港は１９８４年から２０１３年まで空港として供用されながら沖合展開工事が行われ、地先から水深20ｍの範囲を８０９haも埋め立てました。さらに、２０１３年に完成したＤ滑走路は水深が約20ｍの海域に建設されましたが、建設用地の約３分の２の95haを埋め立てで建設し、残りの用地はジャケット式構造物によって建設されたハイブリッドな滑走路で、他の空港島とは大きく異なります。これについては後述します。関西国際空港は２期の工事期間に分けて建設され、１９９４年の開港までの第１期工事では５１０haの空港島を建設しました。その後の第２期工事では、第１期工事の空港島の沖にもう１つの５４５haの空港島を建設し、２００７年に開港しました。関西国際空港の建設海域の水深は18ｍから20ｍの深さでした。２００６年に開港した神戸空港は水深16ｍの海域で２７２haを埋め立てて建設されました。一方、同じく２００６年に開港した中部国際空港は水深６～10ｍの深さの海域を４７１haの範囲で埋め立て、北九州空港は水深約７ｍの海域を１６０haの範囲で埋め立てて建設されました。この２つの空港の場合は、10ｍより浅い海域での埋立てという特徴があります。

これらの関係を表１・１に示します。表中の(ロ)の列の埋立面積と東京ドームとの面積比をみると、空港島はとても広いことが想像できます。ここで、東京国際空港は埋立面積が空港面積ではなく、後述の図１・４で示すように埋立てが始まった沖合展開工事以前の空港用地が陸上にもあります。それぞれの空港の埋立面積（海域の表面積）と水深をかけて埋め立てられた海域の体積を求め、表中の(ホ)列に示しました。こ

表 1.1　空港島の規模

空港名	完成年度	(イ) 埋立面積（ha）	(ロ)＝(イ)÷ 4.7ha※1 東京ドームとの面積比	(ハ) 埋立土量（万m³）	(ニ) 水深（m）	(ホ)＝(イ)×(ニ) 埋立海域の体積（m³）	(ヘ)＝(ハ)÷(ホ) 埋立土量と埋立海域体積の比
関西国際空港第 1 期	1994	510	109	18,000	18	9,180	1.96
関西国際空港第 2 期	2007	545	116	27,000	19.5	10,628	2.54
中部国際空港	2006	471	100	5,200	6 ～ 10	3,768	1.38
神戸空港	2006	272	58	6,600	16	4,352	1.52
北九州空港	2006	160	34	2,400	7	1,120	2.14
東京国際空港第 1 ～ 3 期	2013	809	172	6,949	0 ～ 20	※ 2	－
東京国際空港 D 滑走路	2013	95	20	3,800	20	1,900	2.00

※ 1：東京ドームの建築面積を約 4.7ha とした。
※ 2：東京国際空港第 1 ～ 3 期の埋立水深の幅が広いので計算を省いた。

こで、埋立面積は埋め立てられた海域の表面積とし、水深は平均値として計算しました。次に、埋立土量をこの体積で割ったところ、(ヘ)列に示すようにほぼ2倍の値になりました。このことは、埋立てに必要な土砂量は、埋め立てる体積の2倍は必要であること、即ち、土砂を埋立海域の水深の2倍も積み上げることを示しています。ただし、この土砂量には、高波が襲来しても浸水しない地盤の高さを得るためと、埋立中の地盤の沈下に対する余盛の量が含まれています。

（4）埋立てによる空間利用の課題

埋立工事には多額の建設費がかかりますが、地震時の地盤の液状化や津波の対策がなされれば、半永久的にその空間を利用できるので、費用対効果はとても高いと言えます。また、海洋空間利用の社会的ニーズは高く、既に平行滑走路を2つ保持している東京国際空港でさえも、現在の利用需要を満たすためには新たな滑走路がさらに必要であるとも言われています。

しかし、埋立てを行うと広い範囲で魚介類や藻類の生息する浅瀬が喪失することは否めません。私たちは歴史の時代背景とともに海や潟湖を土地として利用する技術を蓄積し、その技術を用いて沿岸部の広い海域を陸地化してきました。これらは私たち人間の利便性の向上を強く願う一方的な欲求により行われてきたことであり、その結果として生じる自然の変化については配慮が少な過ぎたということは否めません。

国家の発展途上の段階においては、環境に対する影響への配慮は時代の変化の勢いの中で取り残されることが往々にしてあります。現在においても科学的にすべての影響を明確化することは困難ですが、少なくとも生じる可能性のある現象やその結果で生じる影響については予測が可能になりました。したがって、現在の海洋空間利用は、この予測技術をうまく活用して環境アセスメント（事前影響評価）を行い、多様な環境への影響を注意深く考えて行われています。

1.2 海洋資源としての空間価値

(1) 日本の海

私たちは海の陸域化による発展とその環境に与えた影響を経験してきましたが、過去の課題を解決する努力をしつつ、さらなる海洋空間利用を推進しています。ここで、日本の海とそこにある資源を整理してみます。海は人類を含む生物の共通財産ですが、国家を考えるとその利用範囲が国ごとに決められているので、あえて日本の海と呼びます。

日本のような沿岸諸国は領海と排他的経済水域（Exclusive Economic Zone: EEZ）を有しています。これらは海洋法に関する国際連合条約（国連海洋法条約：United Nations Convention on the Low of the Sea）でその範囲や行使できる権利が決められています。この法律では、図1・4に示すように、陸と海を基線と呼ばれる境界線で区切り、その線から沖へ直角に図った200海里（約370㎞）の範囲を排他的経済水域と定めることができるとしています。基線から12海里（約22㎞）の範囲が領海であり、その国家の主権の及ぶ範囲、即ち国土と同じ海域です。一方、排他的経済水域は、天然資源及び自然エネルギーに関する「主権的権利」、並びに人工島・施設の設置、環境保護・保全、海洋科学調査に関する「管轄権」がおよぶ海域のことです。簡単な言い方をすると、国土とは違ってすべての主権は主張できませんが、海洋の利用に関する権利と利益は認められている海域です。したがって、沿岸国は、強い主権のある領海の外側を排他的経済水域に設定します。これらに基づくと日本の海は図1・5に示した広大な範囲になります。その水域面積は、領海面積約43万㎢、EEZ面積約405万㎢、延長大陸棚約18万㎢を合わせた465万㎢であり、これは領土面積約38万㎢の12倍もあります。

この広大な海面上の空間資源と、海面下に含まれる海水溶存物質や生物資源、そして海底面と海底下の資源の有効利用は人々の生活をさらに豊かなものにするはずです。

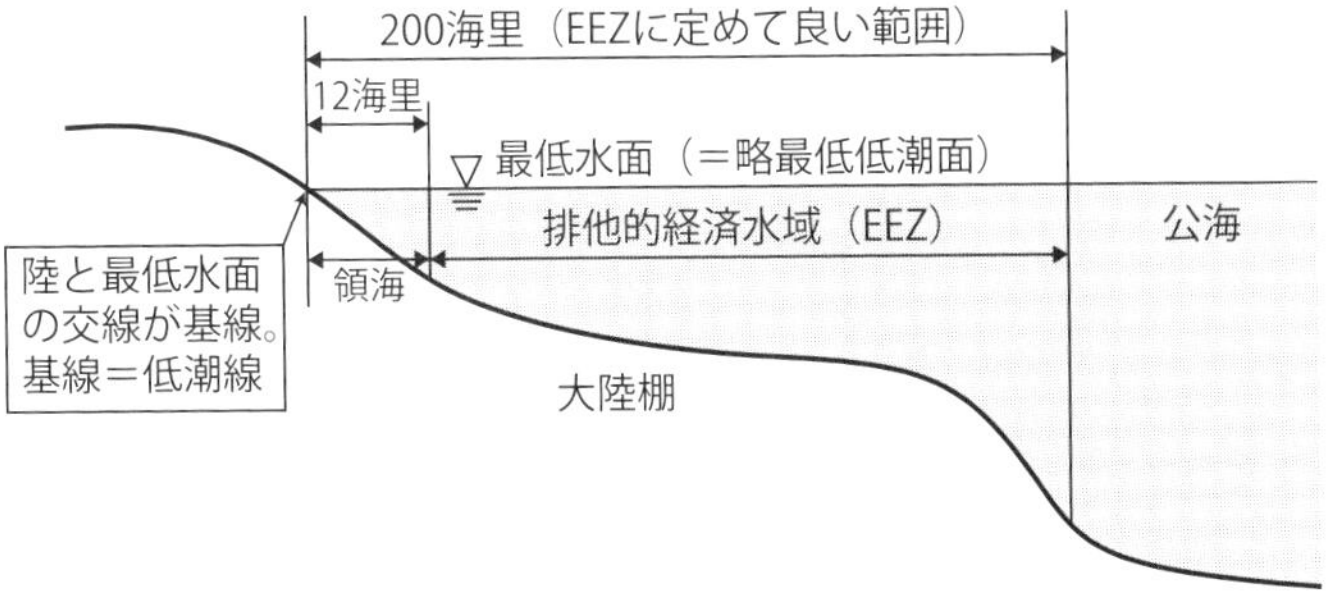

図 1.4　領海と排他的経済水域

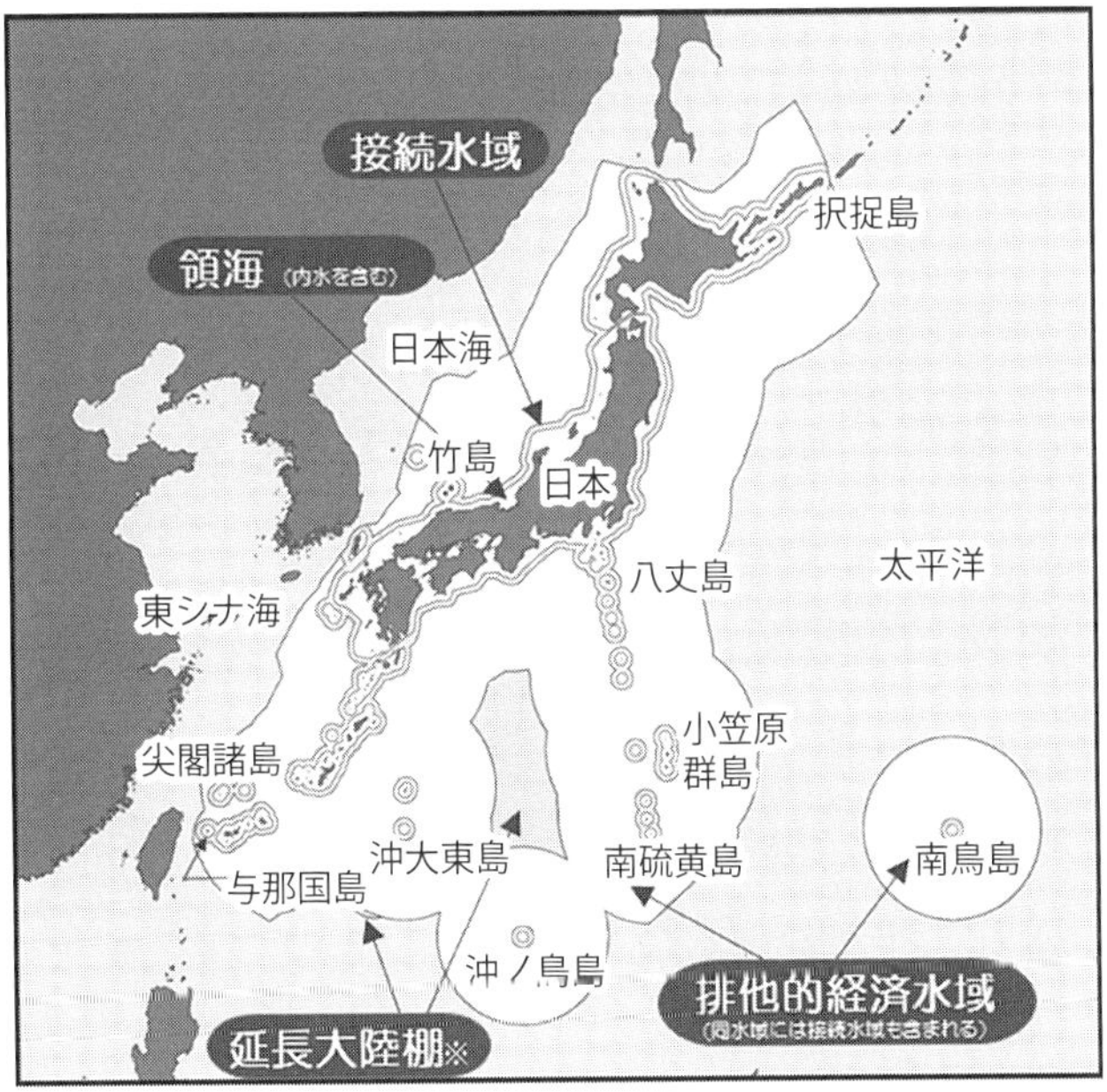

図 1.5　日本の排他的経済水域（海上保安庁）

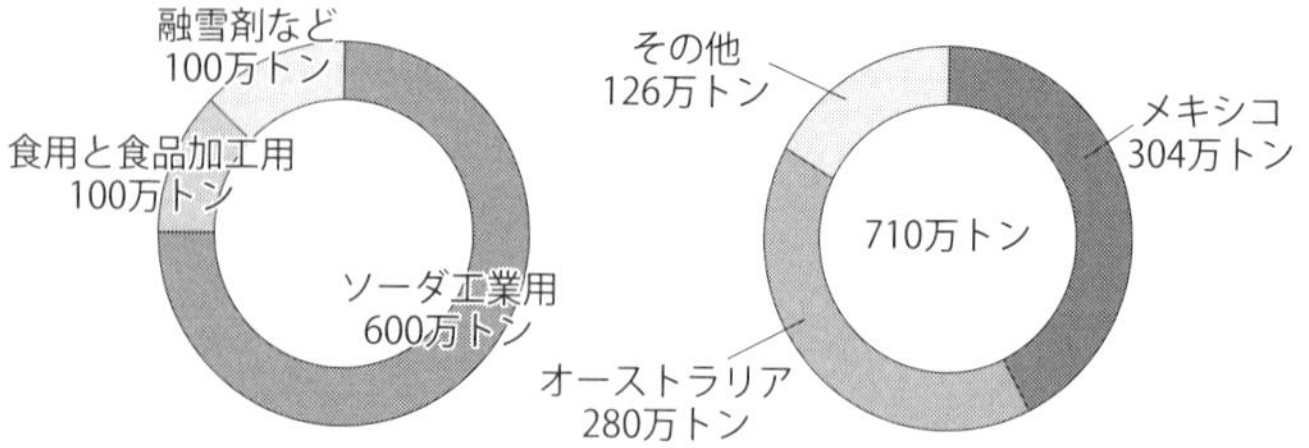

（a）日本の塩の消費量（概数）　（b）日本の塩の輸入量（概数）

図 1.6　日本の塩の需要と供給（公益財団法人塩事業センター HP）

まず、海水中には溶存物質としては大量の水と塩があります。海水を淡水に換える技術は既に利用されており、九州の福岡市では海水淡水化センターが稼働し、増加する水需要に対して海水から得た淡水は福岡地区の住民生活を支える重要な資源となっています。もちろんこの淡水化技術は世界のニーズに応えるものであり、日本の誇れる海洋技術の1つです。また、海塩も重要な資源であり、古来、日本は岩塩が取れないので海水から塩を製造してきました。公益財団法人塩事業センターのデータを参考にして、日本の塩の現状を説明すると図1・6に示す通りです。海塩は岩塩のように容易に採取できないので、生産量は低く約100万トンです。国内で家庭や食品加工に使用される塩の量も約100万トンなので、自給ができるように見えますが、国内の工業などに使用される塩の量は約700万トンもあります。したがって、大量の塩をメキシコやオーストラリアから輸入しており、自給率は12％程度しかありません。海水から塩分を採取する方法は、海水を濃縮して塩分の濃い溶液にし、水分を蒸発させて塩の結晶にする方法が用いられます。この製造過程にはいくつかの方法がありますが、それぞれの技術は確立されていますの

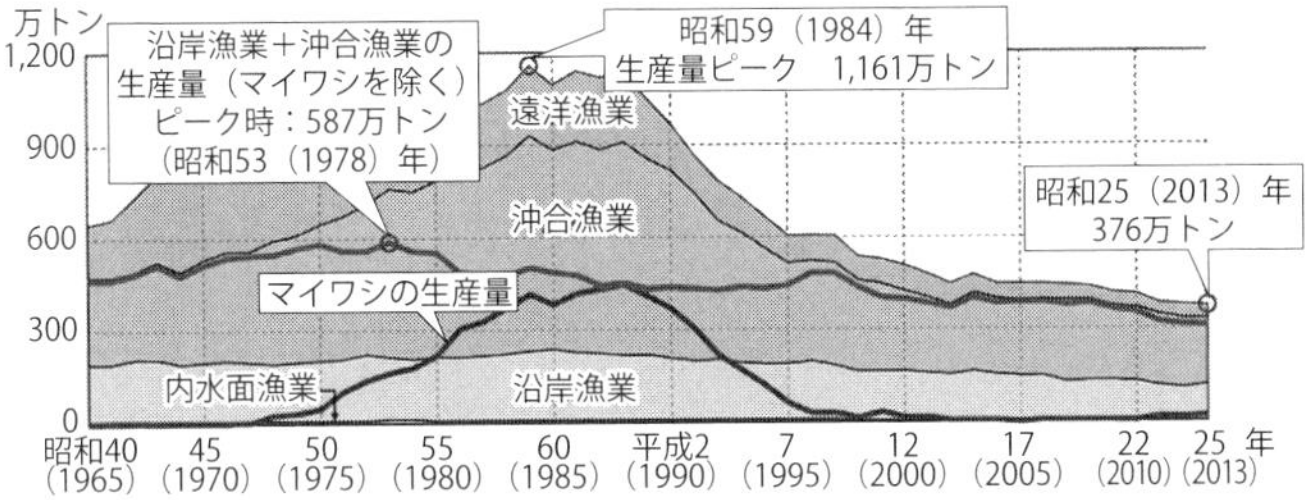

図 1.7　日本の漁業生産量の推移（平成 26 年度版水産白書）

で、広い海洋空間をうまく活用することで大量の海塩を低コストで生産できる施設の開発が望まれます。

水産資源も海中の重要な資源です。魚介類は日本人の多くが好む食材ですが、残念ながら資源数の減少が続いており、その要因は親の数の減少であるといわれています（図1・7）。魚介類の子供は捕食や環境変化への適応力が低いので、生存率は高くありません。したがって、親の数が少なくなると産卵数が少なくなり、生存して親になる固体数が減少して資源数は減少していきます。さらに、親の餌になる魚が減少すると親は生きることが困難になるので、親の数は減ることになります。親の数の減少には人間の乱獲ばかりではなく、環境変化の影響にもよりますが、私たちは「種の保存」に配慮しながら卵や仔稚魚（子どもの魚）の生存率を高めることができます。この方法が栽培漁業であり、孵化後の仔稚魚をある程度の大きさまで大量に飼育して放流します。また、卵や仔稚魚から食用まで育てる養殖漁業も効果的です。さらに、一定の湾や入り江、海域においてあたかも牧場の牛や馬ように魚に海中を自由に泳がせ、給餌の時に音を鳴らして集めるといった音響馴致によるマリンランチン

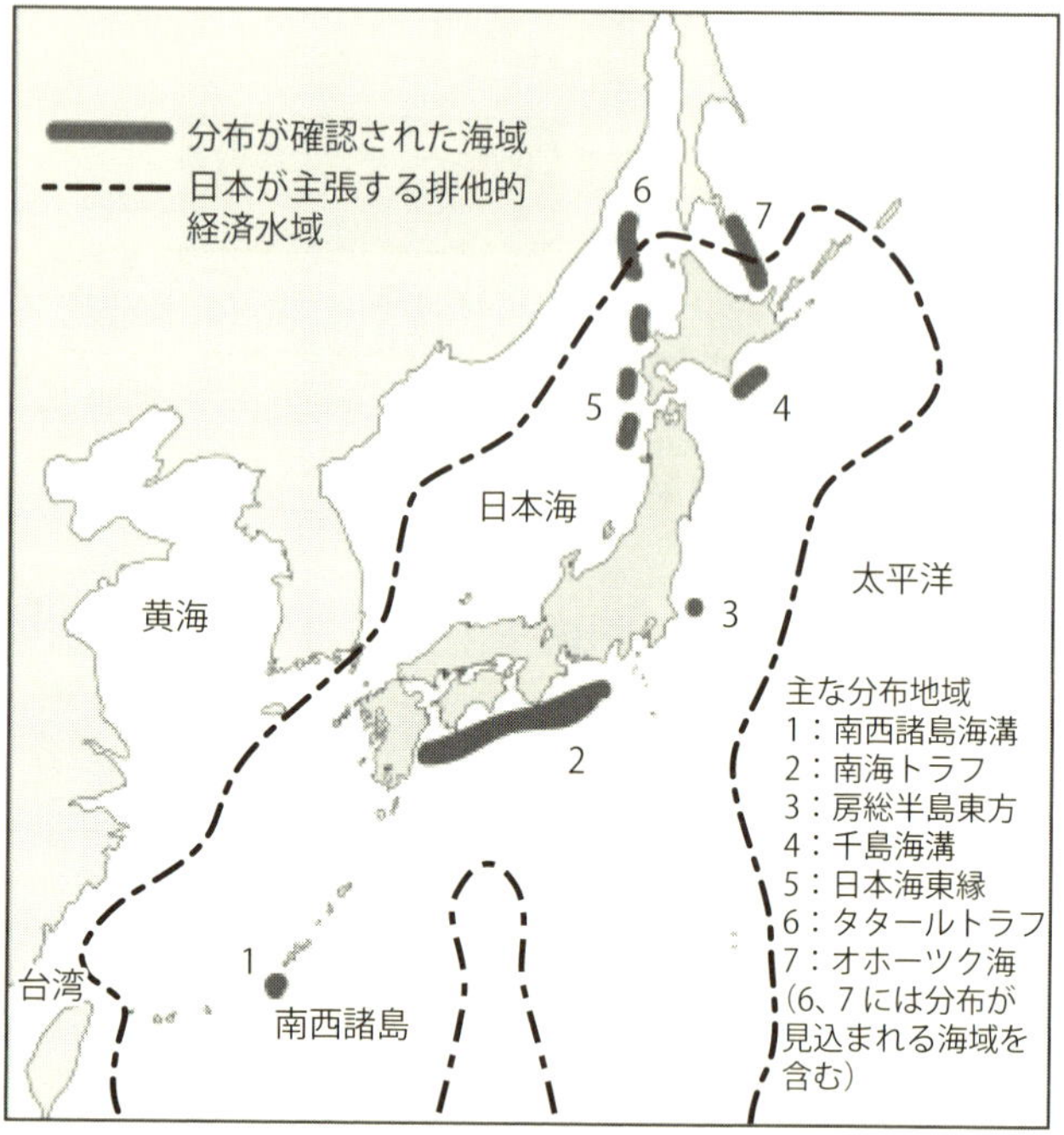

図 1.8　日本近海のメタンハイドレートの分布

（経済産業省エネルギー庁エネルギー白書 2004、第1部。第3章第2節）

グと呼ばれる実験が大分県の別府湾などで行われました。こうした技術は既に備わっているので、自然の海面でこうした漁業や食品加工が行えるような海上漁業基地の開発は、これからの日本の食糧事情を支えることになるものと思われます。

エネルギー資源は乏しいといわれる日本ですが、周辺の海底には多くの資源の存在が確認されています。図1・8に示したように日本の排他的経済水域内には、メタンハイドレートというメタンガスを含む物質が大量に存在しています。このメタンハイドレートは、燃焼時に発生する二酸化炭素量が石油の半分程度であるという特徴があります。もしメタンハイドレートが国内で採取されれば国際市場に影響されないエネルギー資源となるため、現在は効率的な採掘を可能にするための研究開発が進められています。そして、採取が可能となった時には、海洋上で作業するための施設が必要になります。

再生可能エネルギーの必要性は、地球温暖化対策として二酸化炭素排出量の低減を目的に推進されてきましたが、東日本大震災以降は原子力発電の代替エネルギーとしての位置づけも加わりました。海の再生利用可能エネルギーには、温度差、海流、潮流、波、洋上風という自然のエネルギー源を利用した発電システムがあります。しかし、日本の自然のエネルギー源は再生可能エネルギー先進国とは異なってエネルギーレベルが低いか、あるいは安定していないと言われています。そこで、エネルギーの採取効率を高める目的で、現在までに数多くの研究開発と、テストプラントによる実証実験が実施され、実用化の目途が立ってきました。再生可能エネルギーは、資源を得るための人間の活動の場を海洋に広げている価値の高い空間利用と言えます。

(2) これからの海洋利用

排他的経済水域の海洋空間の海面、海中、海底には表1・2に示したように多くの海洋資源があり、それらを利用するための施設が必要になります。

表 1.2　海洋の資源・エネルギーと利用施設

空間	賦存する資源・エネルギー	資源を利用する施設
海面	風、波、潮流、海流のエネルギー	住居、ホテル、オフィス、工場、港湾、空港
海中	魚、塩、海水の淡水化	海藻や魚類の増殖・養殖施設
海底	マンガン、レアメタル、メタンハイドレート（熱水鉱床）	水、石油、ガスの貯蔵施設

海面の広い空間において、海面から海底までに存在する資源を調査・研究・開発するための施設の設計を考えると、それに携わる人々の日常を支える居住施設、医療施設、生活用品の販売施設、さらには移動や物資の輸送のための港湾や空港施設も必要なことに気がつきます。水産資源で述べたような海上漁業基地や海底資源の採取施設では、これらに加えて、加工場や精製工場と製品を輸送するための港湾施設、あるいは、余暇やレクリエーションを過ごす施設も必要になるでしょう。

沖合の洋上に港や空港を併設した都市が建設され、そこには十分な居住空間と多様な企業の産業空間があり、さらに優れた環境を楽しむ余暇空間には多くの観光客が訪れて、人々や物が賑やかに交流している様子を想像すると、未来の夢のように思えるかもしれません。しかし、私たちは既に、このような空間利用を可能にする建設技術を持っていますので、夢の世界の話ではありません。

ここまでの説明で海洋空間には幅広い利用方法があり、陸地周辺の浅い海のみならず、陸から隔てられた沖合の海洋空間の利用価値も高いことが分かっていただけたものと思います。しかし一方で、その利用を促進するためには、陸地と海洋空間の施設の間の距離という隔たりが、課題になりえます。そこで次に、この隔たりについて考えてみましょう。

1.3　沿岸海域利用から沖合利用へ

現在までの海洋空間の利用では圧倒的に埋立方式が選択されてきました。浅瀬を埋立地として空間利用する最大の利点は、陸と接続していることです。したがって、全てが陸の延長として利用され、大都市の膨張を補うために開発されて大きな効果を生み出してきました。東京臨海副都心地区や横浜ＭＭ21地区、大阪南港地区などがこれに該当します。しかし、大都市の面積が増加したにもかかわらず、集中と過密が進んでいることも否めません。また、大規模な港湾や空港を建設しても、従来の陸上の交通網などの物流機能が不十分なために期待通りの役割が果たされないこともあります。沿岸域の拡大による利用は、背後の陸上との接続という利点が欠点にもなり得るのです。

さらに、埋立てが容易な浅瀬も多くは残されていません。日本周辺の海域面積を水深で見ますと、水深１００ｍ以浅では約16万㎢であり、この内の水深50ｍ～１００ｍでは約８万㎢、水深20ｍ～50ｍでは約５万㎢、水深20ｍ以浅の浅海域では約３万㎢あります。この内、水深20ｍ以浅の海域は既に50％程が臨海工業地帯や都市機能の整備用地として埋立利用されてきているため、これより深い水深20ｍ～50ｍの海域に対する利用要請が次第に高まりを見せています。1.1の表1・1で示したように、海上空港の場合も、概ね20ｍの海域を埋め立てて建設されましたが、埋立てに用いられた土砂は、建設用地の面積に水深の2倍もの深さをかけた体積の土砂が使われました。これは、高波が襲来しても浸水しない用地の地盤高さが必要なことと、埋立後の地盤の沈下に対する余盛のためです。したがって、水深が深くなると埋立土砂の量も増加して建設費用も膨大になり、自然環境や生活環境への影響も懸念されるため、埋立てによる空間利用には限界があると考えるべきです。

一方で、前述のように更に広い海洋空間の利用を考えますと、陸地周辺よりも遠隔の海上に立地するほうが有利な施設もあり、陸上で抱えている課題を海上で解決できる可能性が高くなる施設もあります。とは言え、このような海洋空間の利用を水深が深い海域で行おうとすると、海洋環境への影響や建設費の増大から、必然的に埋立て以外の方法を考えざるを得なくなります。

1.4　埋立以外の方法

そこで登場するのが海洋構造物と呼ばれるもので、海面に浮いている施設（浮体式構造物などと呼ばれる）、海底に設置されて自分の重さだけで波や風に抵抗する構造物（重力式構造物）、海底に杭で固定される構造物（固定式構造物）などがあります（図1・9）。これらの構造物の建設技術は従来から日本においる

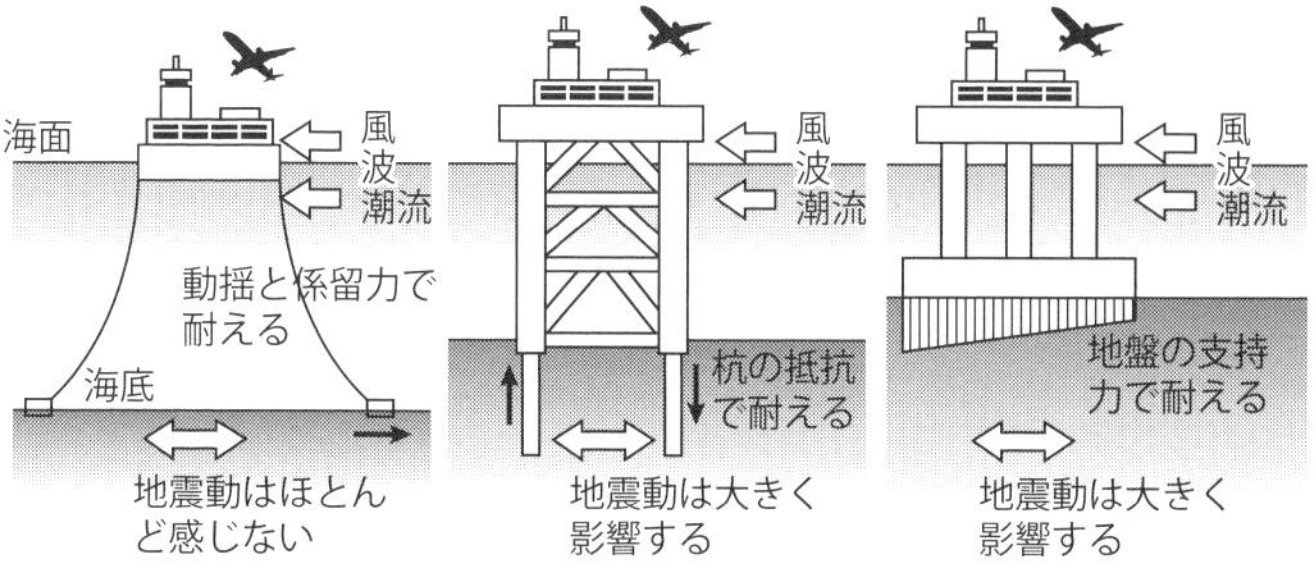

(a)浮体式海洋建築物　(b)固定式海洋建築物　(C)重力式海洋建築物

図 1.9　海洋構造物の構造形式

ても港湾の施設などに利用されてきた技術であり、これらを陸から遠隔の沖合の空間利用に用いることができます。

近年、これらの技術の中で、既に埋立てに代わって空間利用に用いられた例があります。それは利用したい空間の海域が持っていた埋立てでは解決しえない難題を克服した例です。羽田空港は、図１・10に示すように１９８４年から南北方向に２本の平行滑走路と東西方向に１本の滑走路を有する空港を目指して、埋立てによる拡張工事が行われてきました。これは東京国際空港（羽田）沖合展開事業といわれ、第１期（１９８４年１月〜１９８８年３月）、第２期（１９８７年９月〜１９９３年８月）、第３期（１９９０年５月〜２０１３年４月）に分けて行われました。この事業前の空港用地の面積は４０８haでしたが、第１期完成後は５８６ha、第２期完成後は８９４ha、第３期完成後は１２７１haへと広がり、この間も空港を継続的に利用しながら滑走路を移動させつつターミナルなどの設備を整備して、現在の南北のA、C平行滑走路と東西のB滑走路が整備されました。

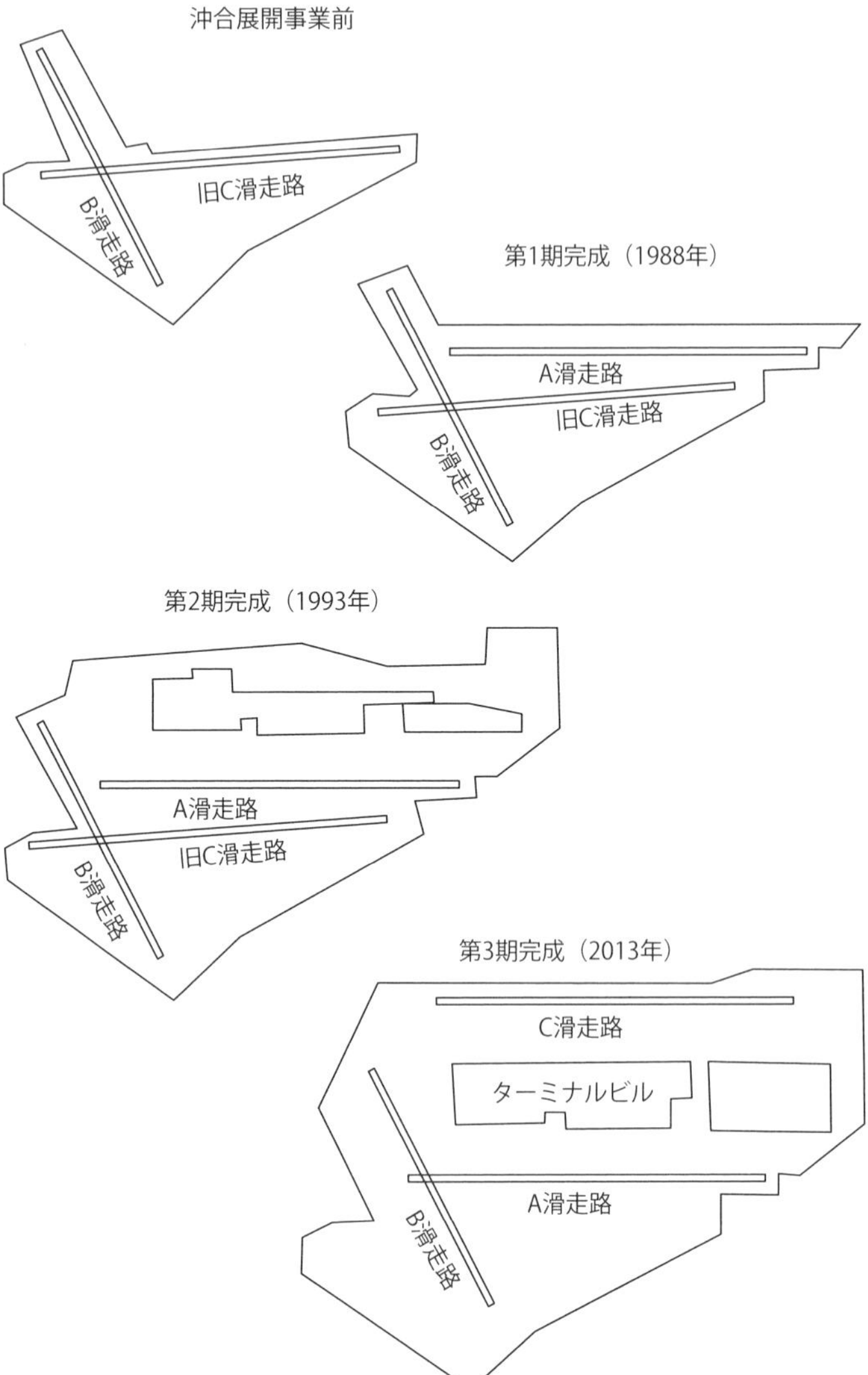

図 1.10　羽田空港の建設過程

（東京国際空港沖合展開事業第 3 期計画：関東地方整備局，他，2012 年 2 月）

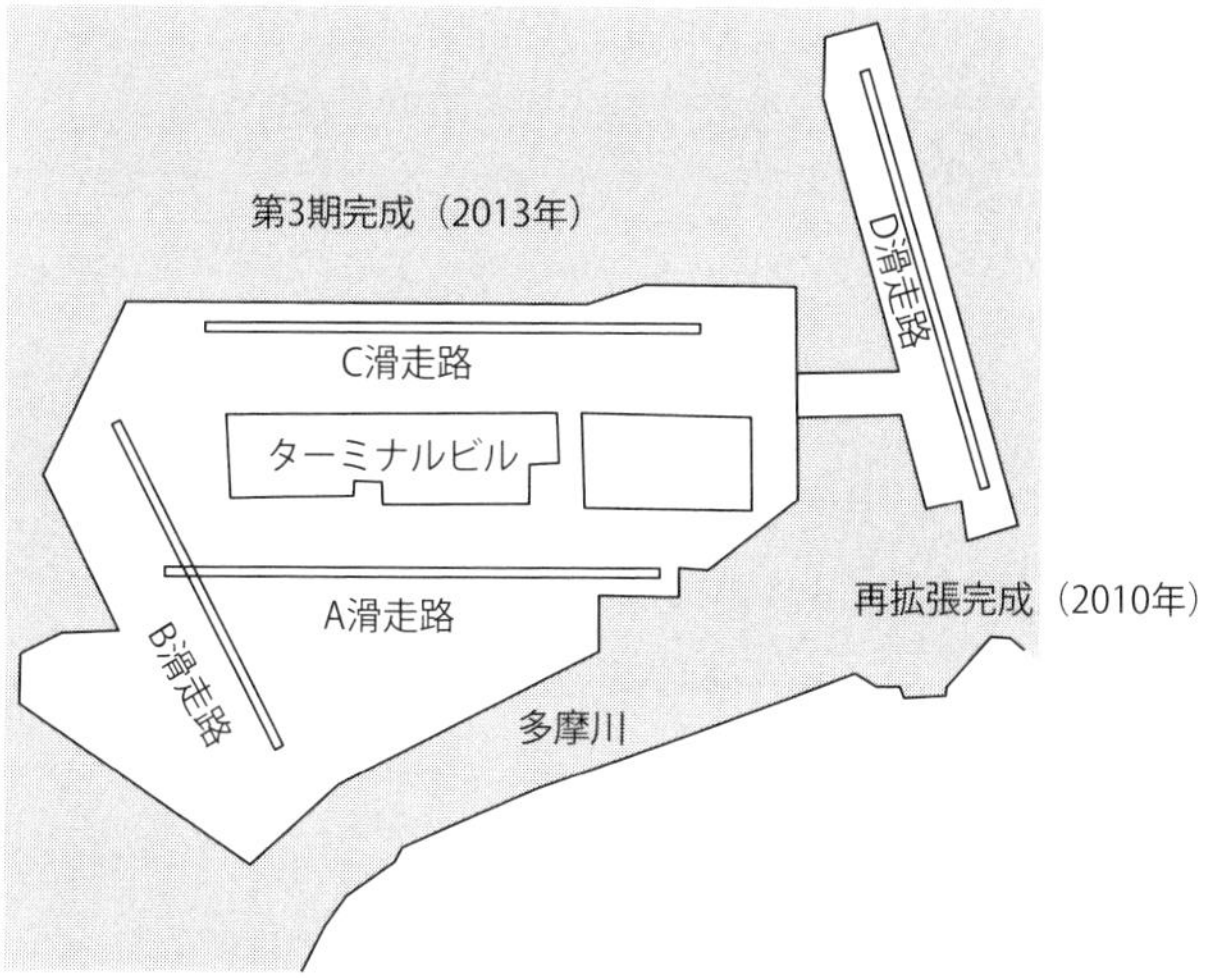

図 1.11　羽田空港 D 滑走路の配置（図 1.10 と同じ）

このような拡張工事にもかかわらず更なる需要の増加が予想され、新たな平行滑走路の必要性が高まりました。そこで、従来の東西方向のB滑走路に平行するD滑走路を建設し、東西及び南北方向の2組の平行滑走を整備することになりました。しかし、D滑走路は、それまでの空港用地では広さが不足して建設できないため、空港用地の海側への建設が計画されました。ただし、D滑走路はA、C滑走路の端部から一定の距離を隔てる必要があり、さらに早期利用のための工期短縮や建設費用低減のために、従来の空港用地に連続して埋め立てるのではなく、図1・11に示すように少し離れたところに滑走路用の細長い用地、すなわち人工島のみを建設することにしました。

ところが、羽田空港の東側には、東京湾の大動脈である東京港第一航路があり、ここを航行する船舶

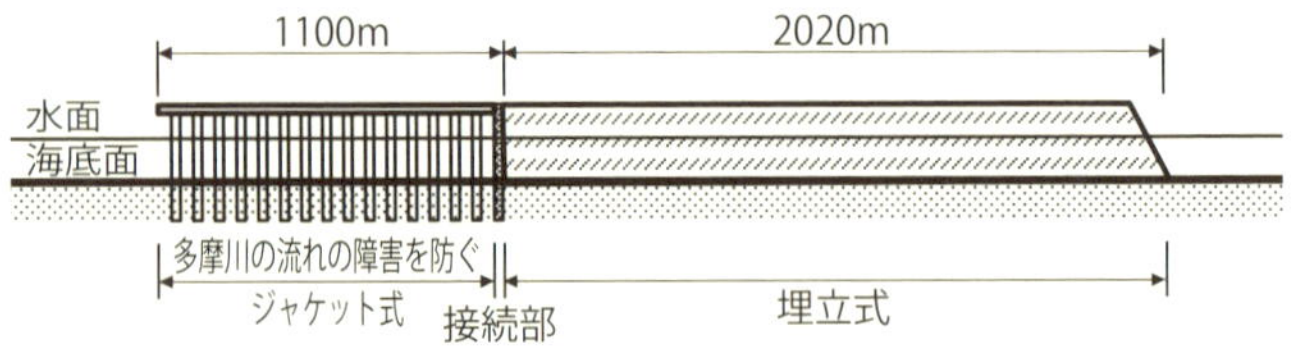

図 1.12　羽田空港 D 滑走路に採用された構造

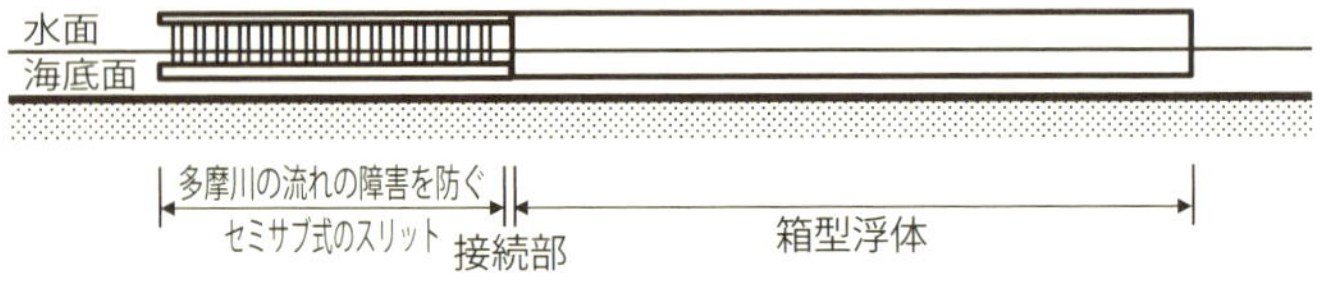

図 1.13　羽田空港 D 滑走路に提案された浮体式構造のイメージ

に影響を与えるような構造物の建設は避けなくてはなりません。東京港第一航路を変えずに、航行に影響のない位置から全長3000mほどの滑走路を西側に伸ばすと、そこには多摩川の河口があり、これを塞いで川の流れを堰きとめるような構造物をつくることはできません。そこで、多摩川の流れを塞がない構造が検討されました。

1つの案は、図1・12に示すように河口にかかる部分は流れを阻害しないように杭で支えるジャケット式構造物（固定式構造物の一種）による人工地盤を築き、他の部分は埋立てという、ジャケット式構造物と埋立てのハイブリッドな案でした。もう1つの案は、図1・13に示すように巨大な直方体の浮体式の構造物上に滑走路を造る案で、西側の河口を部分にあたる部分は流れを阻害しにくいスリット状の構造とする案でした。新聞に公表された建設費はほぼ同額でしたが最終的に

図 1.14　ジャケット式基礎を用いた羽田 D 滑走路

前者が採用され、２００７年3月に工事が始まり、２０１０年10月に現在の羽田空港Ｄ滑走路が完成し、その利用が開始されました（図１・14）。

先に述べたようにジャケット構造は日本の港湾構造物にも利用されてきた経緯があり、その技術にさらに磨きをかけ安全かつ長持ちする構造物が建設されました。当然のことながら埋め立てられた土地は構造物ではないので耐久年数は定められませんが、このジャケット式構造の部分は構造物なので１００年の耐久年数を満たすような設計がなされています。それは、例えば、ジャケット構造部は錆びに強いステンレスで覆い、さらに水面から下の水中は電気防食と呼ばれる方法で錆を防ぐというものです。

このように、羽田空港には、今までにない大規模のジャケット式構造物が利用されていて、埋立てだけでは回避できない問題を解決し、私たちに必要な施設の利用を可能にしているのです。

1.5　浮体式構造物の利用

浮体式構造物による空港は新たな技術の発展を促すため、その採用には

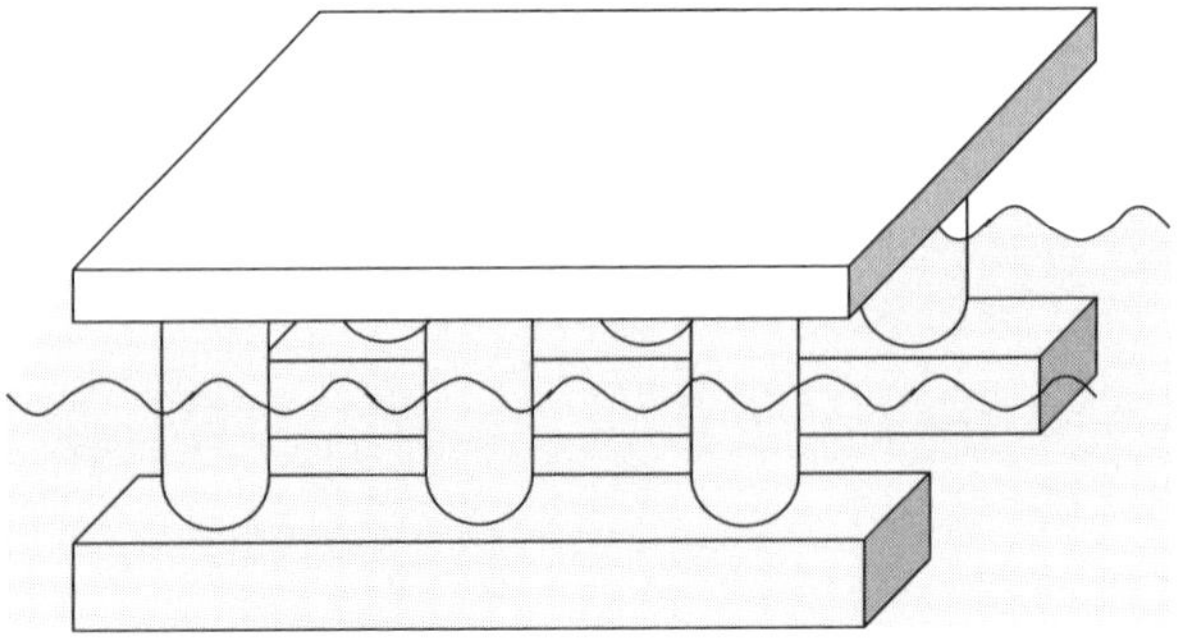

図 1.15　セミサブマージブル型海洋構造物

大きな期待が持たれましたが、大規模な公共施設への利用例がないことなどの理由から、羽田空港のD滑走路に利用することは見送られました。しかし、浮体式構造物は地震による被害は小さく、係留方法の工夫によって津波による漂流などの被害も避けられると考えられています。さらに、海底を埋めることがないので、自然環境への影響も小さいと言われています。そこで、その設計・建造技術の確立過程を簡単に紹介します。実際に羽田空港D滑走路のために設計された案は図1・13に示すような形状でした。辺長が１００ｍ以下の浮体式構造物はたくさんありますが、このように大きい構造物は超大型浮体式構造物と呼ばれ通称はメガフロートと言われています。詳しいことは第2章以降に後述します。

メガフロートは空港だけではなく、広い面積が海域に必要になる場合に有効ですが、建造するには技術の検証が必要です。実際、羽田空港D滑走路への利用の検討に際して、その実現のための技術開発が行われました。

この研究過程で特筆すべきことは、建造に関わる理論的な研究と共に実海域において長さが１０００ｍもある大型浮体式構造物を建造する実証実験が行われたことです。このような活動の結果、メガフロートは２００１年３月に国土交通省内に設置された検討会において、４０００ｍ級の浮体空港として利用可能であると結論付けられました。このことは、４０００ｍもあるような構造物を造る技術が確立されたということを示しています。

この実証実験で用いられた大型浮体式構造物は扁平な直方体ですが、羽田空港Ｄ滑走路の建設で提案された構造物には、多摩川の河口付近の流れを阻害しないための工夫として、スリットが設けられています。この部分の形状は、あたかもセミサブマージブル（半潜水）タイプあるいはロワーハルタイプの構造形式です（図１・15）。この形式は、高波浪の海域で浮体の動揺を低減する工夫として用いられる形式で、海洋石油掘削用の構造物に用いられるもので、羽田空港Ｄ滑走路案では既往の技術をうまく応用していました。

超大型浮体式構造物すなわちメガフロートは、今のところは実証実験の構造物しか建造経験はありませんが、その技術は既に確立していますので、私たちはニーズに応じてこれを活用することができます。

1.6　大水深域海域の空間利用

ここまでに述べたように、水深の浅い海域は既に陸域の都市活動の支援施設などの用地としてほぼ利用されつくしています。それよりも水深が深く陸域からの距離が離れた海域の空間利用を可能にするのが、水深に関係なく利用できる浮体式構造物です。浮体式構造物の建造に必要な課題はほぼ解決されているので、ここでは浮体式構造物による空間利用の有効性について話しを進めることにします。

水深の深い海域における空間利用で期待されることは、陸域縁辺で求められる既存の陸域の延長的役割とは異なり、沖合の環境条件を活かした利用です。沖合と沿岸との空間利用としての一番の違いは、陸域縁辺からの距離が長いことであり、海の様子の違いとしては、水深が深いこと、高波や強風が作用することです。陸域からの隔たりがあると、橋やトンネルを造らない限りアクセスは簡単ではなくなります。したがって、隔たりが大きくてアクセスの方法が限定されてもよい、あるいはその利用頻度が低くてもよいというような限定された空間利用が考えられます。すなわち、沖合の空間利用とその施設に求められる役割は沿岸のそれとは異なることになります。

浮体式構造物による遠隔の海洋空間利用の例として、平行滑走路をもつ巨大な空港が考えられます。平行滑走路のそれぞれの滑走路間隔は１５２５ｍ以上が必要なので、東京国際空港に更にこれを求めることは困難のように思われます。そこで、東京湾内の別の場所に海上空港を建設し、東京国際空港の機能を補完させることが考えられます。アクセスは、橋、トンネル、高速船などが考えられ、東京湾内での建設はいずれも技術的に可能です。その他にも前述の海洋再生可能エネルギーの発電施設は、遠距離の送電技術などの課題はあるものの、私たちが望む施設です。また、外航船と内航船の貨物を分配する多機能で大規模な沖合の港湾は、道路や鉄道という物流経路の支配から逃れることができます。水産の増・養殖施設が沖合にあれば、魚類の行動や性質に合わせた育成が可能になり、この施設に貯蔵施設と荷役の港が備われば、私たちへの安定した食糧供給につながります。

一方で、沖合の海の深さを利用することも考えられます。波による海水の動きは、その波の波長の約2分の1の長さに等しい水深までしか伝わりません。例えば、波長が200mの波の海水の動きは、水深100m程度までしか伝わりません。したがって、その水深より深い海域の海水の動きは極めて穏やかです。もちろん太陽光は届かず、水圧も高いので人間の生活には適してはいませんが、そのことを逆手に取った研究、生産、貯蔵などの利用が考えられます。

このように沖合の広い海洋空間の利用は、現在の私たちが抱えているエネルギー、物流、食糧などの課題の解決を可能とします。そして、そのために必要な空間利用技術、例えば浮体式構造物の建造技術を私たちは保有しています。

1.7 海洋利用の条件

陸地縁辺から遠隔の広い海洋空間の利用を考えると、利用する海域（内海や外海）や位置（海面、海中、海底）によって施設の構造形式や求められる機能が異なります。例えば、空港、港湾などの海面上の空間を利用するには浮体式構造物が利用され、波や風による揺れや傾きに対処できる機能が必要になります。

表1.3　海洋空間の自然条件

条件の区分	条件の要因
気象	風（風速、風向）、気温、湿度、気圧、日射・日照、降雨、降雪
海象	水深、潮位変動、波浪（波高、周期、波向）、潮流・海流（流速、流向）、高潮、津波
地象	海底地形・地質、地震、海底火山、海底地滑り

また、魚類、海藻や貝などの養殖には海面と海底の間に浮いている構造物が利用されますが、波の力に耐える機能とともに中間で浮いていられるような浮力のコントロール機能が必要になります。さらに、資源の採取や貯蔵、海底付近の研究には海底に設置される構造物が利用されますが、波の力は作用しないものの巨大な圧力に耐える必要があります。

このように海洋を利用する構造物をつくるときには、はじめに施設の利用条件と自然条件（自然の力の作用要因やその大きさ）を設定する必要があります。利用条件は施設によって異なり、自然条件は海域によって異なります。また、海域を利用する上で環境に配慮すべき条件もあります。そこで、陸域周辺から遠隔の海域を利用するときの自然条件を、海象（海の自然条件）、気象（大気の自然条件）及び地象（海底の自然条件）に分け、さらに環境に配慮すべき条件、利用条件を考えることにします（表1・3）。

海象条件の要因には、水深、潮位、波浪、津波、潮流、海流があげられます。水深は施設の係留方法に関係します。係留とはロープやチェーンで海底と構造物をつなぐことを言います。浮遊式構造物は位置を保持し揺れを軽減するために係留され、構造物が設置される水深に適した係留方法があります。潮位、潮流、海流、波浪や津波によって構造物が動き、それに伴って係留のロープやチェーンに大きな力が作用するため、これらが破断しないように設計しなければなりません。当然のことながら、構造物自体が波浪や津波による力で壊れないことが最も重要です。また、海流や潮流は水深方向に大きさが異なり、水面付近と海底付近では向きが大きく異なるので、注意が必要になります。

気象条件の要因には、風、気圧、温度、日射、降雨、降雪が挙げられます。風は波を起こす要因であり風速が強ければ波高の高い波が生じます。気圧の変動は海面の高さを変化させ、気圧が1 hPa低下すると海面は約1㎝上昇します。また、台風などの大きな低気圧の襲来では、気圧低下に加えて風によって表層の海水が吹き寄せられて海面が上昇します。風や気圧の変化によって構造物や係留に影響が生じることは海象の場合と同様ですが、これらに加えて温度や日射が構造材料に影響を及ぼします。温度の変化が大きいと構造材料の膨張収縮が生じて劣化の要因になります。また、日射により鉄板が高温になるので、人々の利用に影響を及ぼします。さらに、降雨や降雪は一時的に構造物上に滞留するので、構造物全体の重さが一時的に増加します。したがって、通常に比べて浮体式構造物は深く沈み込み、もしも滞留する場所が構造物上の一部に偏っていると、構造物が異常に傾斜して危険になります。

自然条件を海象と気象に分けて説明しましたが、さらに重要な条件があります。それは海水の作用です。海水には水と酸素と塩が含まれています。鉄は自然界に酸化した状態で存在しており、私たちはこれを還元して利用しています。したがって、鉄は水と酸素があれば直ぐに酸化、すなわち錆びてしまいます。また、海面付近の大気には塩を含んだ水滴や微細な海塩粒子が含まれているので、大気中では陸域に比べて錆が顕著に進行します。構造物の材料の鉄が錆びれば構造物の強度は低下するため、錆の対策は重要です。このような影響に加えて、海塩粒子はガラス面の汚れの要因、室内の床、壁、天井や家電製品への付着による汚れや劣化の促進、さらには洗濯物などへの付着というように生活面にも影響を及ぼします。

このような過酷な自然条件と施設の利用条件によって構造物が設計されます。施設の利用条件は施設の目的ごとに異なりますが、共通することは環境に対する配慮です。特に海域の汚濁防止は重要であり、ゴミの貯蔵・処理や汚水の処理施設が必要になります。さらに水は貴重ですので、処理水の再利用も考えなければなりません。

施設の利用条件で考慮すべきこととして、ここで再び陸地周辺部からの遠隔問題が登場します。陸からの距離が長ければ必要な物資の輸送に多くの時間がかかり、例えば輸送船の大小で一度の輸送量も異なります。また、大海原では事故や災害が生じたときの避難や救助が大きな課題となるため、避難計画がとても重要になります。さらに、構造物の水中部の損傷点検は水中カメラを遠隔操作で行うことになりますが、もし、損傷が見つかったとしても海域で利用しながら補修することは簡単なことではありません。このように、陸から遠隔海域にある施設に対しては、施設本来の目的や機能の維持に加えて、事故や災害の想定と避難計画、点検と補修という維持管理の計画が重要になります。このように厳しい条件ばかりを列挙したため、浮体式構造物の建設は不可能ではないかと思うかもしれません。しかし、ここで述べたような自然条件と利用条件への配慮の仕方を検討するために、日本では1995年から6年間にわたって、浮体式構造物の海上空港を建設するための研究が行われ、海上空港を想定したメガフロートが建造されました。詳細は後章で説明されますが、設計に必要な技術基準も作られていますので、浮体式構造物による海洋空間の利用は、十分に可能です。

1.8 企業による構想立案

メガフロートの他にもいくつもの構想があります。例えば、日本の総合建設業の清水建設は、海の資質としての海水やその浮力及び気候を効率的に使いながら、今日世界の都市が抱えている環境問題としてのCO_2や廃棄物、ゴミや気候変動などに対応できる海上都市を建設するプロジェクトを構想しています。この構想では地球環境時代の「新たな豊かさ」を求めてと題し、環境アイランド「GREEN FLOAT」という植物質な未来都市を赤道直下の太平洋上に浮体式海洋建築物により建設しようとするものです（図1・16）。この提案のコンセプトには①都市システムとして植物質な都市でカーボンマイナス、食糧自給、廃棄物ゼロを目指し、②都市空間として赤道直下の快適環境を生かす上空1000mの空中都市、水辺のリゾート、浅瀬による海水浄化、生物多様性に富む海上都市、③地球貢献としての地球規模の環境・安全を図る太平洋ゴミ大陸の浄化と台風発生モニタリングを担うものとしています。こうした構想は現在都市の抱える環

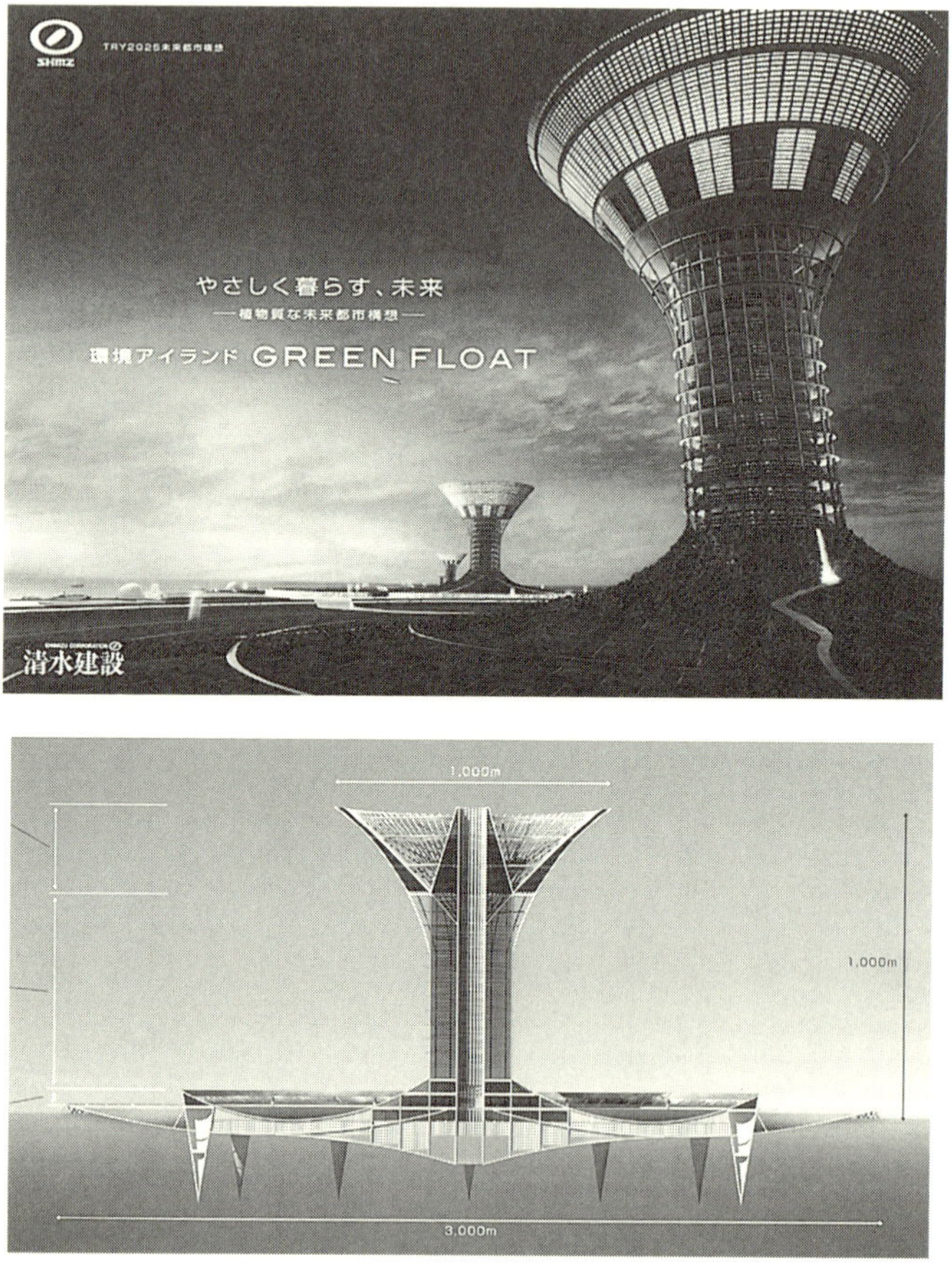

図 1.16　清水建設の「GREEN FLOAT」計画（同社パンフレットより）

海面の浮き地盤の直径：3000 m、タワーの高さ：1000 m、
タワー上部の直径：1000 m

境問題を解決する手立てをこの構想の検討を通して見出して行こうとするものです。ここで提案される海洋建築物の考え方は、排水量は4億トンあり、大型石油タンカー（30万トン）１３００隻分に相当し、通常の波、津波に対しても波長、波高や固有周期の観点からも構造安全性、居住性にほとんど影響はないものと想定されています。また、この海洋建築物を建てるための接合構造や構造材料、施工法も検討されています。建物を形づくる構造は、基礎となる浮き地盤は直径３０００ｍのハニカム接合構造で作られます。中心部に立つ１０００ｍの超高層タワーは海上スマート工法と名づけられた施工法で建設され、地上部で施工されたものを一度海中にリフトダウンした後、骨格が完成後に浮力を利用して一気にリフトアップするという工法で、人もモノも高層部に上がることなく安全に施工ができるとしています。材料は海水中に溶解されたマグネシウムを採取し製錬して使用します。さらに、タワーは３つの構造チューブで構成され、外側のアウターチューブと中間のミドルチューブの間に居室や植物工場が設けられ、内部のインナーチューブに縦動線としてのエレベーターが配置される仕組みとなっています。この提案は従来までの都市環境の過密に対する代替手段としての海洋空間利用ではなく、海の持つ資質を活用することで、新たな豊かさを享受しようとするものです。

第2章 浮体式構造物開発の歴史

浮体式構造物＝メガフロートが開発される遥か昔から、人間は海が持つ無限の広がりに対して強いあこがれを抱いたり、未だ見たことのない海の中を覗いて見たいとする人間の持つ冒険心や好奇心を駆り立てるものを持っていました。

今日ほど科学の発達していない時代には、人々のたくましい想像力は、海を舞台に、海上を自由に動きまわり海中を縦横無尽に動き回ることを可能にした夢を描き出しました。そうした夢の1つとして〝海に浮かぶもの〟を思い描いたり模索してきました。こうした〝浮かぶこと〟に対する想いは必ずしも工学や科学の世界だけではなく、宗教や文学の世界にも広がっていました。ここではメガフロートが開発される以前の〝浮かぶこと〟への人類のあくなき探究心を振り返ってみることにします。

2.1 浮体式構造物の歴史

（1）浮かぶことへの想い

人やモノを積み込んで海や水に「浮かべる」という発想は大昔からあり、代表的なものとしては、だれもが知る「ノアの箱舟」の説話があります。この話しは旧約聖書の「創世記（6章－9章）」の中に書かれていますが、ここに登場する箱舟は地球が大洪水による水没の危機に瀕した時、神によって選ばれた多くの生き物たちを水没の難から逃れさせるため、それぞれの生命を守る手立てとしてつくられました。この箱舟は呼び名が示すように舟としての航行性能よりも、より多くのものを積めることが重視された箱のような型をした船でした。船内は3階建てで多くの小部屋が設けられ、そこにさまざまな生き物たちがつがいで入れられたようです。つくられた箱舟は全長133・5m、幅22・2m、高13・3m程の大きさでしたが、この「長：幅：高＝30：5：3」の比率は、偶然にも現在の大型船を建造する際に最も安定するとされる比率とほぼ同じでした。この箱舟は旧約聖書によると、トルコ共和国の東端にある標高5137mのアララト山に洪水の後漂着したと記述されており、その残骸を探すべくかつてトルコやロシアが大がかりな捜査を展開し、残骸らしき木片を見つけたとの話しがあります。その話しはさておき、こうした「浮かべる」という発想は、いつの時代にも考え出されてきており、陸域が危機に瀕した時に登場する「救いの手」であり、問題解決を図るための1つの方策でもあります。

また、海を舞台にした小説は数多くありますが、19世紀のフランスの作家ジュール・ベルヌが描いた動く人工島も「浮かぶ」ことへの想いの表れと言えるかもしれません。

ベルヌは「もしこんなことが可能になったならば……」との想いを秘めながら多数のSF小説を書いています。その中の1冊に潜水艦という当時としてはまだもの珍しい乗り物とその船長を主人公にした「海底2万マイル」という小説があります。ここに登場する潜水艦は小説が書かれた1870年当時につくられたものとは比べ物にならないほど巨大かつ高性能な代物で、荒唐無稽と思われるような先進的技術を満載し、世界中の海の中を潜航したままで縦横無尽に活躍し、時に巨大生物と戦うシーンなどが描き出されていました。この潜水艦は「ノーチラス号」と呼ばれていましたが、アメリカ海軍で世界初となる原子力潜水艦が建造されたとき、この名がつけられました。

次いで、この小説が出版された25年後には、今度は動くはずのない島が大海原を自由に動き回る物語「動く人工島（原題スクリュー島）」が発表されました。この物語はアメリカに演奏に来たフランスの四重奏団の団員たちが島の政府に捕まり、そのまま地上の楽園である南太平洋をめざして島と共に航海するという冒険小説です。島は通常動くことは無く、むしろその限定的な空間ゆえに閉塞感を覚えますが、動くはずの無いものが動くことで生まれる新たな価値や爽快感、痛快感をベルヌはこの小説で表現したかったのだろうと思います。動く人工島は「スタンダード島」と名づけられ、超近代的技術により建設された人工島として描かれています。この物語を読んだ人はおそらく自由に航行する島の爽快さに酔いしれ、憧れを感じたものと思います。ベルヌの描いた大胆な発想の動く人工島は時代が経ることで現実のものとして私たちの目の前に姿を現してきました。こうした先人たちの描いた夢は、現代社会が抱える人間活動に伴う都市問題や経済問題、地球規模的な気候変動や温暖化現象など環境問題に対する解決策を考える上でのヒント（示唆）の1つとも言えます。

同じような浮かび移動する島を題材にしたものとして、人形劇「ひょっこりひょうたん島」が１９６０年代にＮＨＫ－ＴＶで放映され、当時の子供たちの間で人気を博しました。また、１９３８年1月から12月にかけては当時の風潮を背景にして雑誌「少年倶楽部」に連載された少年向け軍事小説『浮かぶ飛行島』（著者海野十三）では、南シナ海に建造される浮体式構造物による海上空港を舞台としたものがありました。

一方、現実の日本に目を移して、少し時代を遡ること明治31年には、「浮かべる」ことで問題の解決を図ったものが既に存在しました。それは退役した運搬船を改造することでつくられた「浮かぶ人工海水浴場」です。明治の頃でも海水浴を楽しもうとする人々にとって、住まいのある都市や町の近くに海水浴場があればやはり便利でした。一方、都市部では都市化が進行することにより生活廃水や下水が次第に増えて行き、川から海へその汚水が流れ出すことで陸域付近の遊泳水域では水質汚染が広まっていきました。しかし、多くの海水浴客はこの影響を避けるためにわざわざ遠くの海水浴場に出向くことはしませんでした。そこで、この水質悪化した水域を避けながら海水浴を楽しむ方策として考案されたものが、浮かぶ人工海

図 2.1　忠泳館（yokohama postcard club HP）

水浴場でした。この浮かぶ海水浴場を汚染のまだ進んでいない沖合いに浮かべることで、海水浴客の至便性はそのままに清浄な水域での海水浴を楽しむことができるようになりました。この海水浴場船は「忠泳館」（図2・1）と呼ばれ海水浴客でにぎわいを見せました。

また、船は通常海面を移動するために用いられますが、機能や形態的変化を遂げることで浮かぶことだけが残され、航行のために要される櫂や櫓はすべて取り除かれた船があります。それが江戸時代に建造された牡蠣船です。現在、広島県呉市の境川、長野県松本市の松本城外堀、大阪市土佐堀川にそれぞれ1隻ずつ係留されています（図2・2）。牡蠣船は江戸時代に牡蠣養殖に成功した広島県で建造されました。当初は各地で牡蠣の販売をするための運搬船でしたが、時代の変化に合わせて牡蠣販売と共に牡蠣料理も一緒に楽しめるように機能的な変化を遂げ、船内は船倉が屋形船的な座敷の設えと変わり、船型も平底形態へと変わりました。それにより、

図 2.2　大阪土佐堀川に浮かぶ牡蠣船

販路を瀬戸内海から九州・四国、北陸及び韓国や中国にまで拡大されていきました。また、少し特異なものとしては、長野県松本市の松本城の外堀に広島から牡蠣船を運び込み浮かべたものがあり船は現在もあります。最盛期には１００隻を超える船が全国で営業していました。牡蠣船は通常は牡蠣の季節終了と共に店仕舞し、船は座敷を解体して次の季節に備えました。昭和初期になると船は座敷部屋を拡大したり二階建形式も登場することで、航行のための帆柱や櫓を捨て、水面に浮かぶことでその風情を楽しむ浮体型のものに変わって行きました。

（２）浮かぶ構造物の開発構想

時代が近代になると工業化の進展は、自動車、船舶、航空機の発展をもたらすことで、人々の移動のための交通手段を大きく変化させることになりました。特に長距離の都市間移動には航空機が使われるようになり、１９３４年には商業航

図 2.3　海上空港建設計画「SEA-DROME 構想」

（http://blog.modernmechanix.com/uncle-sam-asked-to-build-floating-ocean-airports/）

空路としてはそれまでになく長距離の太平洋と大西洋の横断航空路がパンアメリカン航空会社によりはじめて開設されました。それまでは太平洋も大西洋も船舶に頼る以外、横断することはできませんでした。ちなみにこの時使われた航空機は海面にも降りられる飛行艇でした。当時の航空機は今日と比べて機体は小さく小型でプロペラ用のエンジンが使われており一度に飛行できる航続距離も短く、遠くの目的地まで飛行するためには途中での燃料補給は欠かすことができませんでした。そのため、長距離飛行が要される太平洋や大西洋を超えるためには、それぞれの大洋にある島嶼や諸島沿いに飛行し、途中で給油する必要があり、要所となる島々には給油のための飛行場を設けなければなりませんでした。こうした給油問題を解決する策として、1924年にE・R・アームストロングにより世界初となる浮体式の海上空港建設計画「SEA-DROME構想」が提案されました（図2・3）。この海上空港構想は大西洋横断のための航空機の燃料給油基地としての利用を意図したもので、滑走路を大西洋の要所要所に浮かべようとするものでした。そして滑走路を支える構造に浮力を持つ構造形式が用いられることで、飛行機の離陸に際して風向き方向に滑走路の向きを変えられることが利点とされました。その後、1942年にはポンツーン型と呼ばれる浮体式滑走路（L：1810ft×W：272ft）がつくられ実際の海域で実験が行われました。1969年にはP・ワイドリンガーが「FLAIR構想」と呼ばれる浮体式の海上空港構想を提案しています（図2・4）。この構想では潜水型の浮力体を200ft×200ft（60m角）のモジュールとして、それを連結させて長さ1万2000ft（3600m程）、幅1400ft（400m程）の2つの滑走路を造り、その間に4800ft×2800ftの規模を持つターミナル機能を挿入したH型をした空港案でした。構造的には最大風速58m、波高12mに耐え、水深70m程度の海域に設置可能とし、プレキャストコンクリートで浮力体を造り、プレストレスにより連結する構造形式が用いられました。耐用年数は25年が想定され、ニューヨークの沖合65㎞から80㎞程の海域に設置するものとされました。

図 2.4　FLAIR 構想

図 2.5　MOBS
（http://www.globalsecurity.org/military/systems/ship/mob-gallery.htm）

こうした構想以外にもアメリカ軍では、近年「MOBS: Mobile Offshore Base」と呼ばれる移動可能な浮体式海上空港や移動式補給基地「Mobile Logistics Platform」の研究が進めています（図2・5）。

浮体式構造物による海上空港構想は、都心部に近い海域に設置することで、陸上における騒音問題の回避や広大な面積の土地確保の困難さを回避できること及び都心部に至近距離に設置でき、工事期間も短くできる上、比較的水深の深い海域でも建設が可能なことなど利点が数多くあげられます。一方、欠点としては建設コストが著しく高いことなどが挙げられてきました。そのため、今日まで海外でも海上空港を浮体式構造物で建設する構想や計画は検討されてきましたが具体化されたものはなく、ほとんどが埋立てやパイル（杭）方式による海上空港建設でした。日本においても関西海上空港建設や羽田空港の拡張計画では浮体式構造物の利用が検討された経緯があります（第1章に先述）。

（3）浮かぶ構造物の実現

浮体式構造物がいち早く実現化されたのは、1961年に大水深で石油掘削するために建造されたBlue-Water rig NO.1と呼ばれる半潜水式プラットフォームがあります（図2・6）。このプラットフォームは4基のカラム（柱）を浮力体とすることで海面上に浮かぶ構造形式が用いられました。しかし、試運転時にこのカラムがプラットフォームの重量を支える上では十分に機能を果たすことができず、カラムの動半分程が水没した状態になってしまいました。ところが、この半潜水状態のときにプフットフォームの動

図 2.6　Blue-Water No.1
（https://en.wikipedia.org/wiki/Semi-submersible）

揺が最も小さくなり安定することが分かりました。そのため、以後は半潜水状態で安定するプラットフォームが建造されるようになりました。こうした石油掘削プラットフォームの原型は、W・チャーチル卿の提案により第二次世界大戦にイギリス本土防衛のため建造された「海上基地」に由来します（図２・７）。大砲やレーダーを予め備えた海上基地は建造後にロンドンを流れるテームズ川とマンチェスターを流れるマージー川の河口にそれぞれ設置されました。この海上基地は設置海域までタグボートで曳航された後、海底に沈め着底させて設置完了となる短期間での建設を可能とするものでした。この浮かせて移動させる方法が、後の石油掘削プラットフォームにも活用されることになりました。

大洋の沖合で石油掘削がはじめられたのは１９４０年代後半頃からですが、その頃は大陸棚に大型のジャケットと呼ばれる鋼鉄製のやぐらを設置し、その上に掘削装置を搭載して海底深くにドリルやパイプを下ろして採掘作業が行われてきました。しかし、次第に１０００フィートを超える大水深から石油を採掘するようになるとジャケットを構成する脚部も数百メートルもの高さ（深さ）が必要になり、さらに、

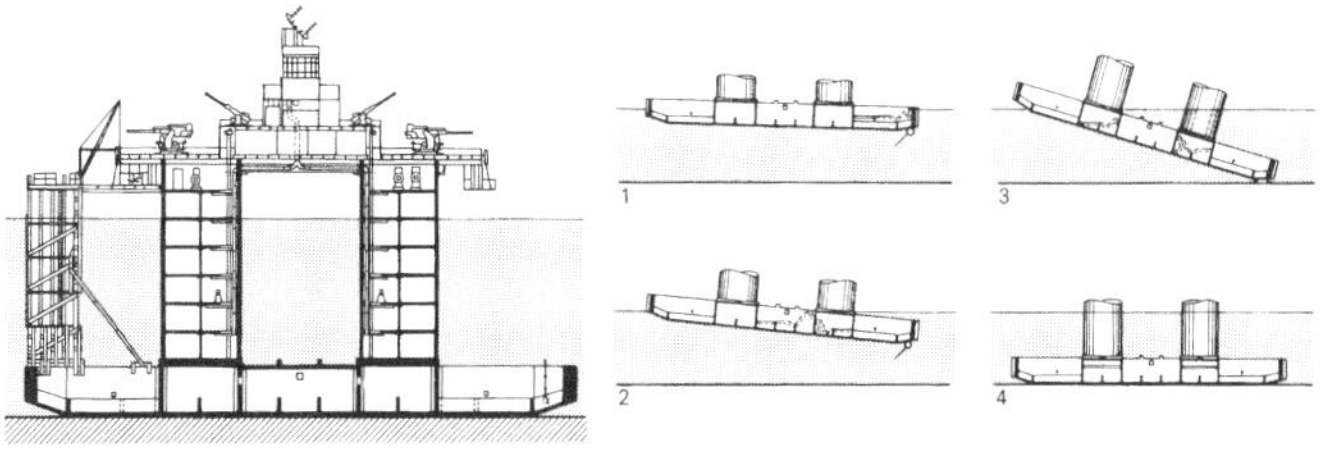

図 2.7　イギリスでつくられた海上基地の断面図と着底方法

（日本建築学会編：建築設計資料集成 10 技術、丸善、1983）

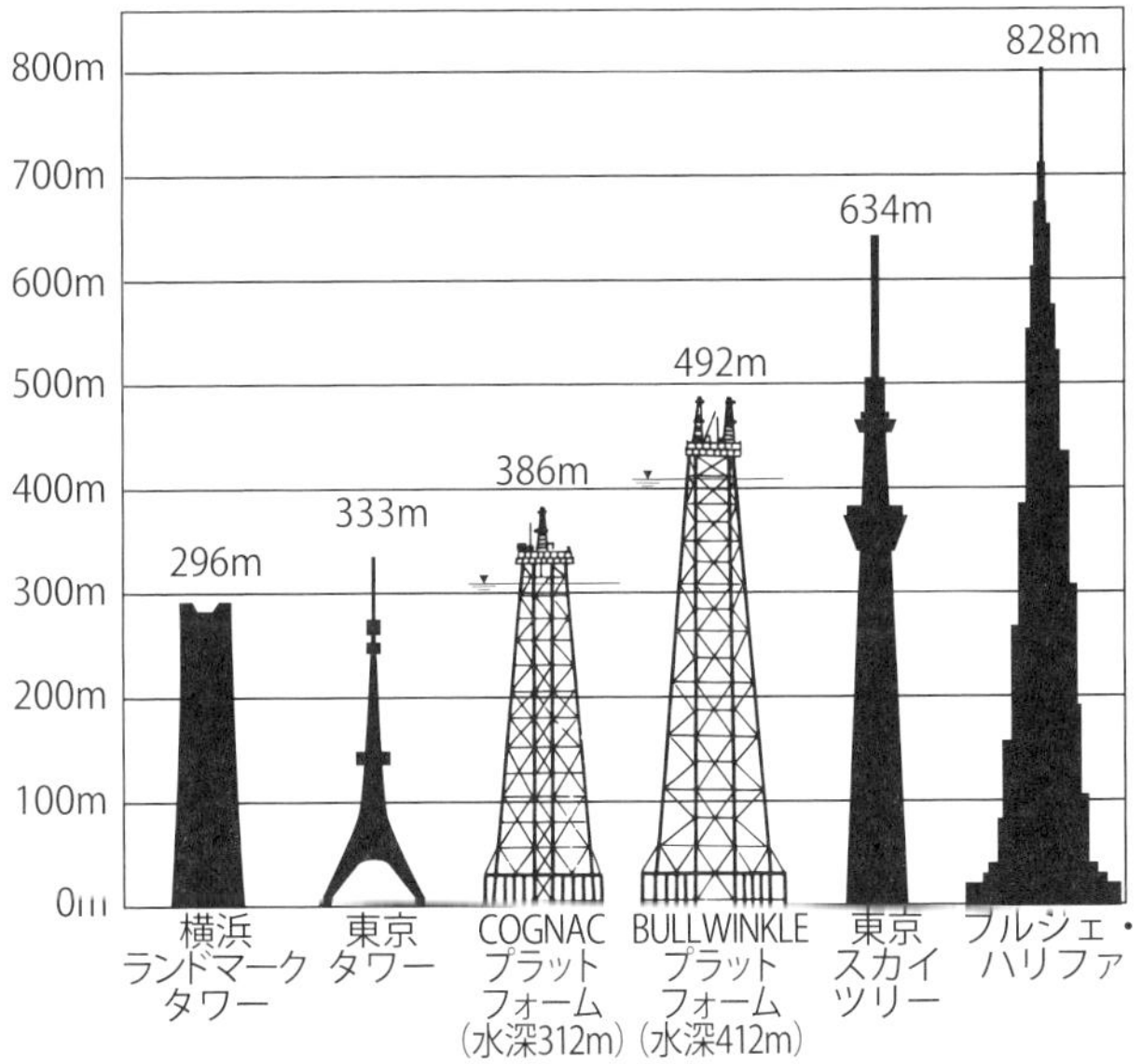

図 2.8　プラットフォームの高さ比較

その建設コストも高額になる他、脚部や採掘用パイプに外力としての潮流の影響などが強くなります。そこで、ジャケット形式に代わるものとして、半潜水式の浮かぶ掘削装置が建造されることになりました。ちなみに最も海底深くに建てられたジャケットの高さは６００ｍを超えるものがありますが、経済効率からはこの深さ程度までとされています。図2・8に陸上に建つ超高層の建物やタワーとの比較を示します。半潜水式の場合、海面上に位置する掘削装置を載せたプラットフォームをコラムが支え、そのコラムの下部に浮力体としてのロワーハルが複数取り付けられています。そして、このロワーハルの中のバラストタンクに海水を注水したり、または排水することでロワーハルを上下に操作し、掘削現場までは浮上して移動し、その後、注水して半潜水状態にすることで安定させて掘削作業を行ことになります。この浮力体となる下部構造形式はロワーハル型やフーチング型（独立した浮体基礎をもつ型）などがあります。

こうして採掘されたエネルギーの源となる石油は、１９５６年のスエズ動乱や１９６７年の第三次中東戦争を経験することでその備蓄の必要性が認識されました。こうしたことを契機にして日本では１９７８年から90日分の石油の国家備蓄がはじめられ、当初は長崎の橘湾や硫黄島での石油タンカーを使った洋上備蓄が行われてきました。現在は、全国に10ヶ所の国家石油備蓄基地が建設されるようになり、世界で初めてとなる大型浮体式構造物を用いた石油備蓄基地が長崎県上五島地区に完成し、その後、福岡県白島地区にも同様の形式のものが建設されました。石油備蓄基地建設は、その重要性の認識とは裏腹に建設地においては住民による反対運動が起きやすいため、その立地については都市部から離れた場所が選ばれるとともに備蓄方法も多様な形態が取られてきました。その中で、大型浮体式構造物を用いた場合は、広大な土地造成が不要となり、地震・不等沈下の影響を心配することもなく、周辺環境への影響も少ないことなどが利点とされました。さらに、浮体式構造物の場合、造船所ドックで躯体が建設されるため一斉に複数のものが建造できることになり、据え付け現場での建設工期を短縮できるなどの利点も多々あります。こうした効果が後にメガフロート技術に引き継がれています。上五島地区の備蓄基地は１９８８年に完成し、白島地区は１９９６年に完成しました。それぞれの施設構成は、海上立地で防波堤により静穏な水域が確保され、その中に巨大な浮体式構造物としてのポンツーン（浮函）が並列に配置さ

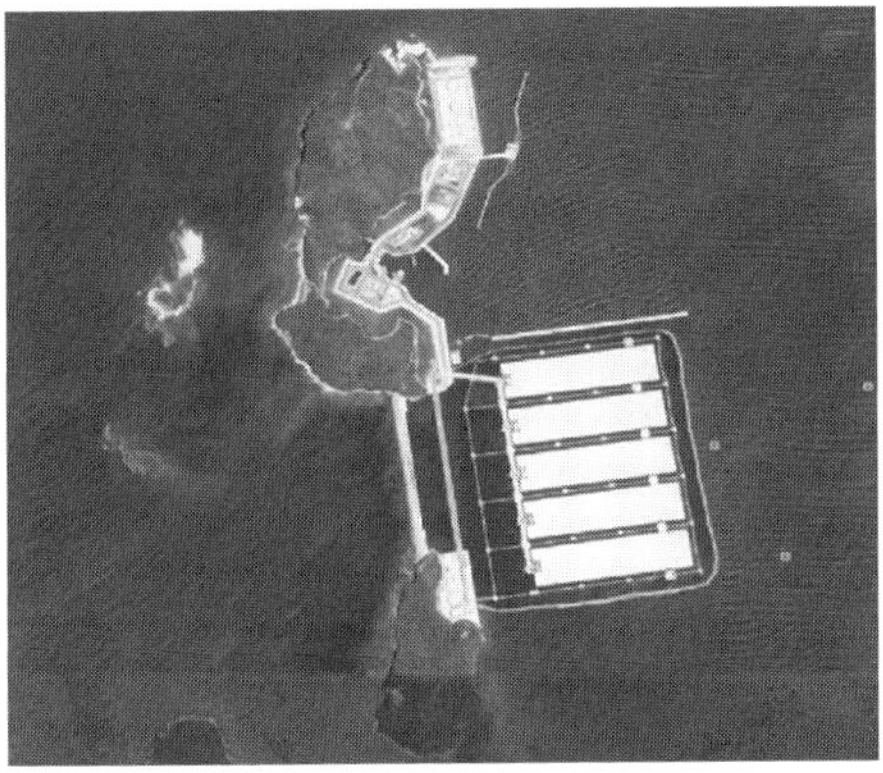

図 2.9　長崎県 上五島地区 石油備蓄基地

（Google Earth）

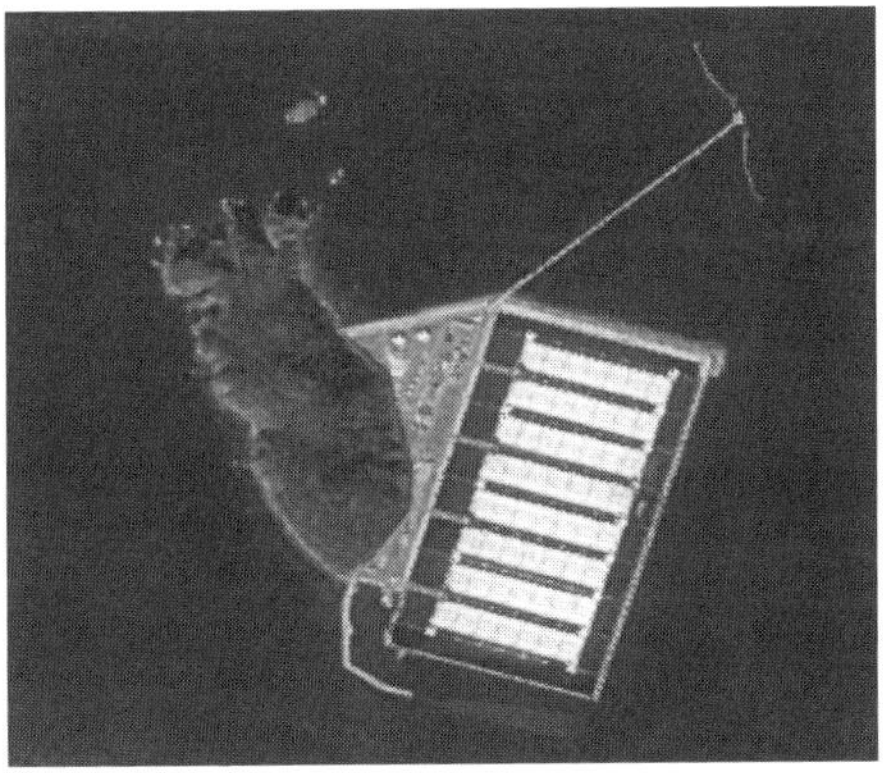

図 2.10　福岡県 白島地区 石油備蓄基地

（Google Earth）

れ、防油堤（油の流出を防ぐための堤防）で周囲が囲まれます。据えられたポンツーンはコンクリート製で中に石油が備蓄され、上五島地区では長さ390m×巾97m×深さ27・6mの88万klの貯蔵能力を持つポンツーンが5基浮かび、備蓄総量は440万klになります。白島地区では長さ397m×幅82m×深さ25・4mの70万klの貯蔵能力のものが8基浮かび、560万kl備蓄されています（図2・9、2・10）。

一方、道路や港湾などの社会基盤の整備が進んでいない地域に向けて、工場設備一式を浮かせて運ぶアイデアから生まれた洋上プラントは、造船所や関連工場でバージ上またはポンツーン上にプラントを搭載したものを現地に曳航し係留や着底により据え付けるもので、据付と同時にプラントを稼働することができる利点を持ちます。この考え方は1960年頃からはじまり、ソ連で小規模な発電所を搭載したバージやリビアでは石油精製プラントを搭載したバージが造られてきました。日本ではアマゾン川支流サリー川に据え付けるための紙パルプ製造プラントや海水淡水化プラントを載せたバージなどを建造してきた実績があります。余談ですが、こうした洋上プラントを題材にした小説「ビックボートα」が赤川次郎（1984年刊行）により書かれています。

生産施設以外では、1975年に開催された沖縄海洋博覧会において半潜水式の浮体式構造物が博覧会用パビリオン〝アクアポリス〟として博覧会のテーマ「海−その望ましい未来」のシンボルに起用されたことが思い出されます。アクアポリスは石油掘削のためのリグを改造することで建造されたため、構造形式はリグのままで主甲板を16本のコラムで支え、それを4本のロワーハルが支持する浮体式構造物で、ロ

図 2.11　アクアポリス
上：ロワーハル排水、下：ロワーハル注水

ワーハル内に海水を注入し、喫水を5・4mから20mまで変化させることが可能でした（図2・11）。アクアポリスは当初、広島の呉造船所で建造された後、タグボートにより沖縄の博覧会場の海域まで曳航され、そこでロワーハルに注水し設置されました。海洋博終了後に跡地は国営沖縄記念公園として整備され、アクアポリスは公園施設として再利用されてきましたが1993年に閉鎖されました。閉鎖後アクアポリスは撤去されましたが浮体式構造物のため、撤去跡の海域は20年ほど前の海洋博開催以前の何もなかったころの海に戻されました。

また、「オーシャン・オデッセイ」とネーミングされた赤道上からロケットを発射するための海上移動式発射基地があります。これはアメリカの半潜水式浮体式構造物による石油掘削用プラットフォームを改造して建造され、1999年に商業衛星を積んだロケット打ち上げに成功しています。搭載されるロケットはウクライナ製のゼニート3SLで、エンジンはロシア製で、この施設を運営するシーローンチ社は1995年にアメリカのボーイング、ロシアのエネルギア、ノルウエーのアーカークバルナー、ウクライナのユジマンが出資し設立された国際的企業体です。オーシャン・オデッセイの最大の特徴は、母港からロケットを搭載して所定の場所に海上移動して、そこからロケット発射ができることです。このため、地上発射のような地理的、物理的な制約を受けることが少なく済むことです。ロケットを発射する場合、赤道上から発射することが地球の自転速度を最大限に利用できるため最も効率が良く、さらに、軌道傾斜角0度の静止トランスファー軌道に直接投入できるため、静止衛星が静止軌道に入るときの軌道変更に要さ

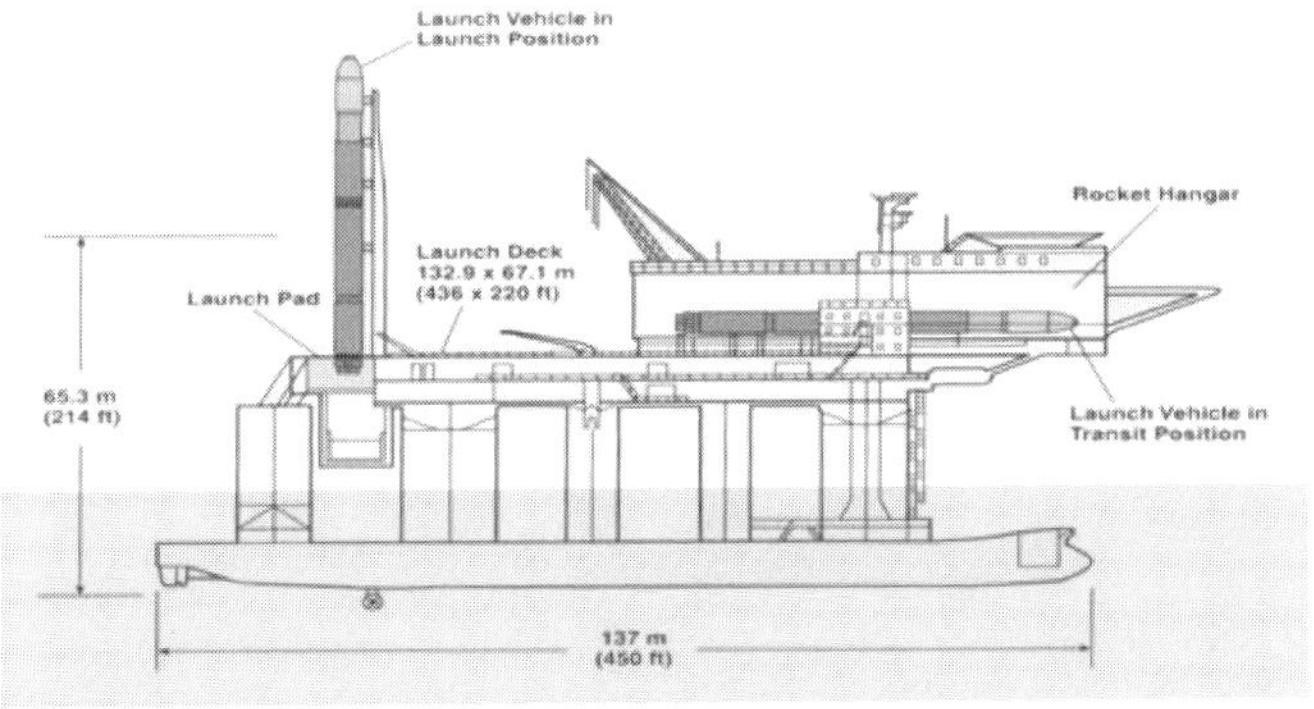

図 2.12　オーシャン・オデッセイ諸元（http://www.sea-launch.com/X）

図 2.13　オーシャン・オデッセイ（http://www.sea-launch.com/X）

れるエネルギー消費が少なく済むなど陸上の発射基地からの打ち上げよりも4割から5割安になる経済的な利点があります。これまでに36回の海上発射が行われ、89％の成功率を収めています。そして、現在では、打ち上げ用ロケットを回収するための洋上基地が稼働始めました（図2・12、2・13）。

島国シンガポールでは、建設用資材としての土砂の入手が困難なため「MARINA BAY FLOATING PLATFORM」と呼ばれる浮体式構造物によるステージ・コートが建造され、使用期間を限定して都心部のマリーナ・ベイ地区の内港に設置されています（図2・14）。規模はこの仕様では世界最大規模で全長120m、幅83m、水深1・2m、浮函能力1070トンあり、15の浮体ユニットを機械式継ぎ手により洋上接合してつくり上げています。2007年から2014年完成予定の新ナショナルスタジアムの完工までの間、利用される暫定施設となっていました。この他にもシンガポールでは洋上石油備蓄基地や浮体式コンテナバースの計画が進められていきています。

韓国ソウル市を流れる漢江には、2011年5月に4000人収容可能な総合文化施設、イベント空間、スポーツレジャー施設の3つの機能の人工島「FLOATING ISLAND」が漢江ルネッサンス構想の一環として建設されました(図2・15)。3つの人工島はそれぞれ浮体式構造物で造られており、浮体式のプロムナードでそれぞれが連結されています。また、GPSを用いた位置制御システムや施設内で排出された廃水や汚水は全て高度浄化処理された後、放流される仕組みなどを備えています。

このように浮体式構造物による「浮かぶ」ことや「移動」できることを最大限に活用した取り組み事例

図 2.14　MARINA BAY FLOATING PLATFORM（シンガポール）

図 2.15　FLOATING ISLAND（韓国）

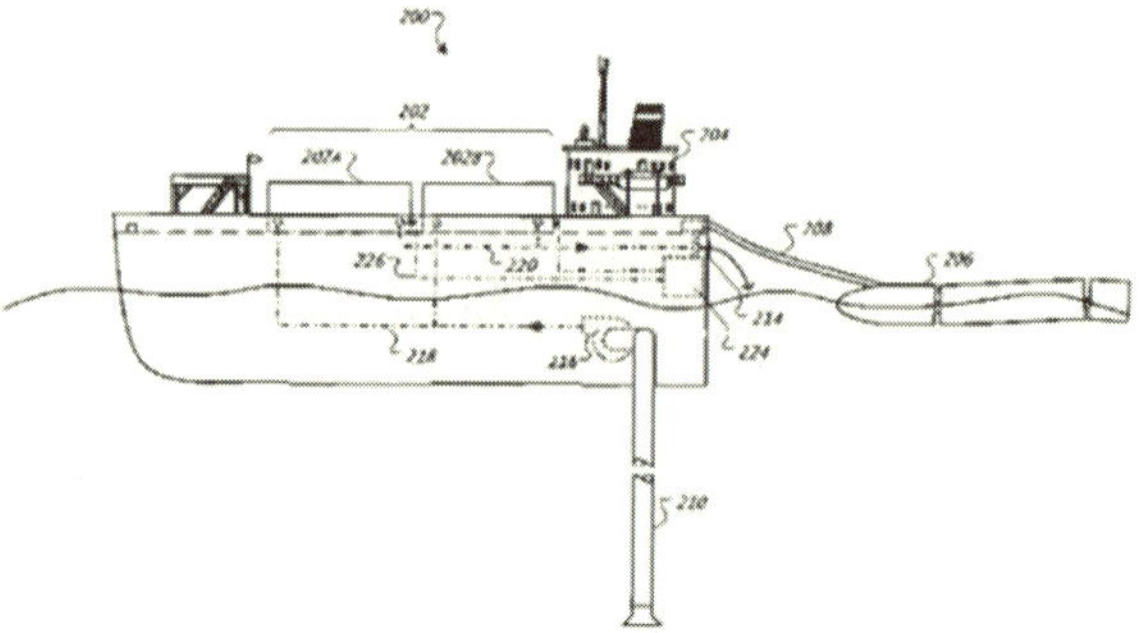

図 2.16　Google 海上データセンター資料

海水で冷却、潮力発電でエネルギー供給

（http://gigazine.net/news/20131031-google-build-mystery-barge-building/）

は、国内外で増えています。さらに、ここに取り上げた浮体式構造物と比べるとその規模はかなり小さくなりますが、浮かぶことを活かした用途としては他にも、ハウスボート（アメリカ）、海上レストラン（香港）、水族館（豪州、日本）、海上ホテル（豪州）、海上レクリエーション基地（豪州、バリ島）など、住む、食べる、観る、泊まる、楽しむなどを海の上で楽しく過ごすための施設が世界的に増えてきています。また、２０１３年10月にアメリカ・サンフランシスコの港湾でグーグルによる「浮かぶ海上データセンター建設？」が新聞記事として報じられました。グーグルは既に世界的に知名度の高い検索サイトの会社ですが、この施設はグーグル社内で取り組まれている「Google X」と呼ばれる全自動運転車やGoogl Glassなどの多数のプロジェクトの中の1つに位置づけられ、この施設は「Google Barge」と名づけられています。海洋からの自然再生可能エネルギーや海水温の冷却効果を活用し、合わせて洋上に浮かぶことのメリットを最大限生かそうとするものであり、洋上に設置することでの新しいアイデが多数盛り込まれています。グーグルはこの海上データセンターを建設するにあたり、２００９年に特許を取得しており、①多数の演算処理器からなるコンピュータデータセンターを搭載した浮体式構造物を含むシステム、②多数の演算処理器が使用する電気エネルギーを波力発電装置により生成し供給する洋上発電機、③多数の演算器が放出する排熱を海水の温度差を活用して冷却する海水冷却ユニットとなっています。公開されてきた資料によると「沖合3～7マイルの深さ50～70ｍの海上に係留され､データセンター内のコンピュータの冷却を海水で行い、波力（潮流）発電によってエネルギーが賄われ、建設費は9・8億円程度とされる。」加えて、海上に施設をつくる理由として、陸上にデータセンターを建設するためには土地の取得と巨額の経費が要されるが、海上ではそれがなく財産税も免れることができる。また、施設が「移動」できることも大きなメリットとしています（図2・16）。

2.2　メガフロート開発の歴史

（1）メガフロート誕生の背景

日本は国土が狭く四面を海に囲まれた島国で大小４０００余りの島嶼から構成されています。そのため、国土面積の10倍を超える２００カイリ経済水域を保有しています。また、海岸線も国土面積に比べて長く、総延長は48000km（北方領土含む）程度あり、この長い海岸線を有効利用することが昔から求められてきました。そして、この海岸線付近の水深の浅い場所は第1章で述べたように既に埋立て造成地として利用され臨海工業地帯や都市機能の整備用地としての利用が進んでいます。そのため、これより深い、水深20m～50m以上の海域に対する利用要請が高まりこの海域を有効利用するための新たな方策や工法が求められてきました。そして、これまで波や流れが激しく利用する上では不向きとされてきた海域において、こうした現象を制御しながら静穏度の高い海域を創出する「海域制御構想」が提案されたり、沖合の海域に人工島を建設する「沖合人工島構想」という新たな考え方が提案されてきましたが、こうした提案の中に、人工島を建設するための工法として埋立式、浮体式、着底式、杭式などを用いた多数の構想案が提案されてきました。

この沖合人工島の考え方は、従来までの陸域を延長する考え方とは異なり、陸から離れた海域に人工的に島を建設することで陸域の都市活動や社会資本整備などを支援しようとするものでした。これまでに神戸ポートアイランドや六甲アイランドなど臨海部に面した大都市の地先水域で多くの人工島が建設されてきています。

しかしながら、沖合の水深の深い場所で埋立式の人工島を建設しようとすると水深が深い分、埋立てには大量の土砂が必要になり、その採取により二次的問題（土砂採取跡地の問題）の発生が危惧されたり、建設費用が高騰するなど問題や課題が山積される一方、埋立て後の一定期間は圧密現象による地盤沈下や液状化現象の発生する可能性があるため、その対策検討も必要となります。さらに、埋立式は海底の環境を大きく改変したり、自然海岸を消失したり、生物生態系の生息環境に影響を与えるなど、自然環境に対して大きな負荷を掛けることが時代的に懸念されるようになってきました。また、杭式工法についても大水深や地盤が軟弱な場合など立地場所の環境条件によっては人工島の建設は困難になります。

そこで、こうした環境条件に左右されない工法として、浮体式構造物に対する期待が高まりました。浮いた地盤をつくることで、海面下の環境はそのままに、海面上に用地となる空間を確保しようというものです。この浮体式構造物は形態的には概ね2つのタイプになります。ポンツーンと呼ばれる浮函（箱型）型を基盤としたものと、セミサブと呼ばれる躯体（構造体）の半分が水中に潜る半潜水型の構造物です。前者は比較的波の穏やかな海域に適しているため湾内や港湾部で使われてきています。先述した石油備蓄基地などの他には、例えば、オーストラリアのグレートバリアリーフにある海洋レジャー基地としての「REEF PONTOON」と呼ばれる施設が稼働しています（図2・17）。後者のセミサブは外洋の波の高い大水深の海域に適しているため、北海などで石油掘削など海底の資源開発のために稼働しています。

このような中で、海洋の空間利用を進めるための新たな技術開発が強く求められるようになり登場したのが、日本の造船技術の結集によりつくり出された超大型の浮体式構造物「メガフロート」です。このメガフロートとそこへのアクセス及び係留施設を含めることでメガフロートのシステムが機能します。

図 2.17　REEF PONTOON（オーストラリア）

（2）メガフロートの特徴

メガフロートは海に浮かぶ巨大な構造物です。浮かぶことにより多くの優れた特徴を発揮します。特に従来までの埋立工法と比べた場合、埋立てでは困難を伴う大水深、軟弱地盤、環境保全などに関わる課題を容易に克服することができます。メガフロートの特徴としては、①海洋環境に対する影響が少ない：海域環境を撹乱しないため生態系への影響が少ない。②移動性を有する：設置後でも構造物の移動が可能。③更新の可能性を持つ：ニーズの変化による施設の拡充・撤去など形態変化が容易。④工期が短い：構造物の建造と現地工事が同時施工できるため、工事期間が短い。⑤大水深への対応：水深の深い海域でも設置が可能。⑥経済性：一般的に25m以上の水深では他の工法と比べて建設費が安価。⑦複合利用：海上・海中を三次元に利用可能。⑧免震性：地震の影響を受けにくい。⑨潮位差への対応：海面上昇や干満差にも容易に対応可能。また、浮体構造物自体が消波機能を有するため、背後に静穏な海域をつくりだすことが可能になります。こうした優れた特徴を持つメガフロートの研究開発が、日本の造船や鉄鋼業界を中心に行われてきました。

1993（平成5）年12月に運輸審議会において「新時代を担う船舶技術開発のあり方」が取りまとめられ、この中に国の諸施策の1つとして、メガフロートの技術開発の推進を図ることが盛り込まれました。そこで誕生したのが、メガフロート技術研究組合でした。この組合の使命はメガフロートに関する研究開発を推進することとメガフロートに対する社会的な認知を得ることでした。そのため、東京湾内の神奈川県横須賀市にある住友重機械工業（株）横須賀工場の沖合にメガフロートの実物大モデルを設置し、実際の航空機を発着させる実証実験を含め、メガフロート特有の技術的課題の解明が行われました。この研究開発は、1995（平成7）年度から3年間の予定でスタートしましたが、途中で二段階方式になり、フェーズⅠではメガフロートの基本技術の開発、フェーズⅡでは実用レベルの技術開発が行われ、研究期間も2000（平成12）年度までの6年間が費やされました。

1）基本技術の開発（フェーズⅠ研究）

広大、不変、不動、荷重支持能力、多用途などに代表される土地造成で得られる機能が、メガフロートによりどこまで代替可能になるかが検討されました。具体的には超薄型浮体式構造、100年規模の超長期耐用、恒久的な定点保持、浮体挙動、上載施設の機能保証といった技術の検討です。まず、全長300

図 2.18　フェーズＩ実証実験モデルの建設中の全景（全長 300 m）

m×幅60m×深さ2mのメガフロート本体のモデルが建造されることになりました。本体を9分割したユニットを、それぞれ個別に造船所で建造した後、横須賀沖の実験海域までタグボートで曳航して、洋上で接合し、長さ300m×幅60mの本体モデルを完成しました。次にこれをドルフィンと呼ばれる係留装置により定位置に設置して、メガフロートシステムのモデルが完成しました（図2・18）。

このモデルは係留されて直ぐの1996（平成8）年9月、おりしも日本列島を襲った瞬間最大風速45・6m／secの台風17号の直撃を受けましたが、何ら被害を受けることはなく、メガフロート本体とそのドルフィンによる多点係留の信頼性が評価される結果となりました。

また、メガフロートは長期間、設置海域に浮かべたままの状態での維持・管理が求められます。そのため、材料は浮体構造物として１００年以上の長期耐用を可能とする防食維持ができるチタンが使われました。浮体ユニットはすべて自動溶接機を使って洋上で実際に接合できるか確認された後、浮体の飛沫帯に防食被覆材としてチタンが適用されました。

さらに、このフェーズでは浮体の挙動や振動・騒音、温度影響、残留磁気影響などについても実験が行われました。

2）実用レベルの技術開発（フェーズⅡ研究）

フェーズⅠで得られた研究成果を基に、東京湾横須賀沖の海域に長さ１０００ｍの空港モデルが建設され、メガフロートを浮体式空港として利用する場合に備えて、航空機の安全飛行に欠かせない空港施設機能の信頼性を評価するための研究が行われました。専用の航空機（ＹＳ－11旅客機）が、浮体空港モデルの滑走路上を繰り返し低空飛行し、飛行計器進入実験（３５０回）が行われ、航空機の着陸を誘導する航行支援システム（ＩＬＳ／ＧＳ、ＰＡＰＩ）が浮体上に設置され、その機能が損なわれることはないことが確認されました。また、小型機による離着陸実験（２５０回）では、陸上空港との違和感はほとんどないとの評価をパイロットから得ることができました（図２・19、２・20）。

図 2.19　フェーズ II 実証実験モデルの建設

全長約 1,000 m の空港モデルの全貌

図 2.20　離着陸実験の様子

2.3 メガフロート開発と技術

メガフロートの開発は、1970年代からはじまり当初の10年間は海に浮かぶ構造物に関心が向けられ、浮体式構造物のセミサブ型と呼ばれる半潜水式構造物が研究対象となりました。このセミサブ型は波による揺れが小さいため、揺れの大きいポンツーン型よりも研究対象として注目されました。しかし、90年代になると関西国際空港の二期工事の滑走路建設に浮体式構造物の実現化を目指し、ポンツーン型の提案がまとめられました。これは立地場所が大阪湾内であり波浪条件が比較的穏やかであるため、構造形式がセミサブ型からポンツーン型に替えられることになりました。

セミサブ型とポンツーン型では設計コンセプトも建造のための施工性や維持管理方法も大分異なりますが、それぞれの利点を活かすことで極めて有用な空間を創造することができます。これら2つの構造型式は特徴や特性が異なりますが、考えるべきことはほとんど共通しています。実際、羽田空港のD滑走路拡張工事においては、セミサブ型とポンツーン型のハイブリッド型浮体式滑走路案が提案され実施設計も行われました。それが日本における2000年代前半のメガフロートの技術的な取り組みでした。

メガフロートに代表されるような浮体式海洋構造物の技術は、船舶工学を基礎として海洋石油開発の拡大に伴って発展してきました。現存する最大規模の豪華客船は6千人以上収容でき、その規模は全長で

360mを超えます。また、スーパータンカーと呼ばれる石油タンカーも既に400mを超える巨大なものが建造されています。さらに、石油備蓄に使用される浮体式の貯蔵タンクは400m×100m程ありその型深（水面から上の乾舷と水面下の満載喫水を合わせた長さ）は30m近くあります。こうした巨大な規模を持つ浮体式構造物や船舶が建造されてきています。

メガフロートやその技術はそれでもなお研究開発すべき課題を残した構造物で、後述するような常に弾性変形が発生するという特徴があります。それはメガフロートを連結するユニットの1つが固く頑丈であっても、それをたくさんつなぎ合わせると逆に折れ易くなるのと同じで、つなぎ合わせても構造体として成立するような設計が求められます。

第3章 どう浮かせるか

3.1 なぜメガフロートは浮く

メガフロート技術研究組合は、１９９９（平成11）年に横須賀港沖合に実証実験用の空港モデル（長さ１０００ｍ、幅60ｍ（中央部分は１２１ｍ）、面積８万４０００㎡）の超大型の浮体式構造物（メガフロート）を設置しました。この時の空港モデルに使われた鋼材重量は３万７０００トンにも達しました。東京スカイツリーの地上本体の鉄骨重量が４万１０００トンですから、メガフロートは東京スカイツリーとほぼ同程度の鋼材を使用して建造されたことになります。

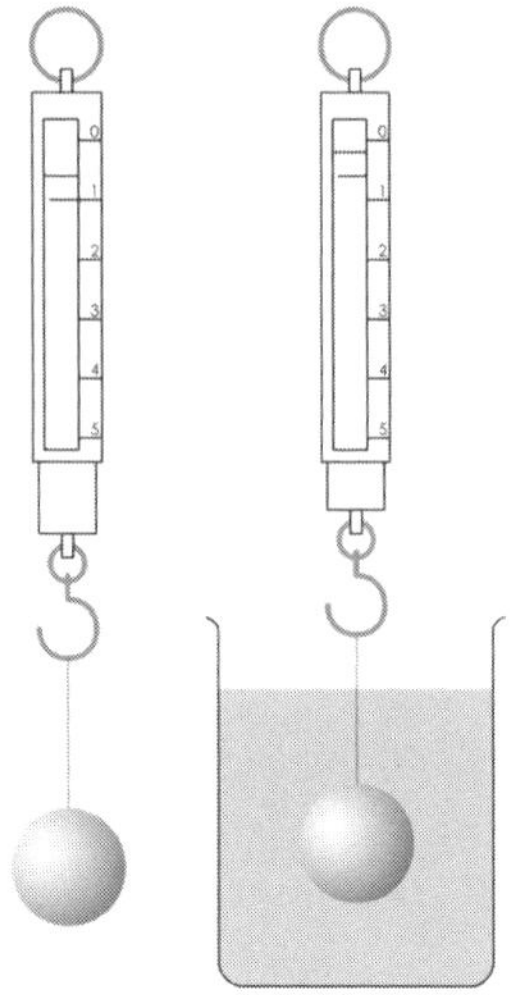

図 3.1　浮力

　ではなぜこの数万トンもある浮体式構造物が水に浮かぶのでしょうか？　それはメガフロートに「浮力」と呼ばれる力が作用しているためです。そもそも没水している物体には浮力が作用するのですが、浮力とはいったいどのような力なのか知っていますか？　ここに図3・1に示すように2本のバネばかりを用意します。そのバネばかりに同じ物体をそれぞれ吊るし、一方の物体を水に沈めたとします。そして空気中でその重さを計測した値（図の左側）と、物体を水中に沈めてバネばかりの目盛りを計測した値（図の右側）を比較すると、物体を水中に沈めたほうのバネばかりの方が小さい値を示します。これは物体が浮力の影響を受けて見かけ上、軽くなったことが原因です。お風呂に入ったとき自分の体重は変化していないのに身体が軽くなったと感じるのと同じ現象です。

　メガフロートの場合、とても大きな浮力が作用するため、たとえ鉄やコンクリートで建造されていても水面に浮かぶことになります。それではこの浮力という力は、いったいどのような性質を持っているのでしょうか。

（1）浮力とは?

地球上にあるすべての物体には重力が作用していて、それは水中にあるものに対しても作用しています。その重力は空気中と水中とで当然変化するものではありません。しかし、物体を水中に沈めたバネばかりの方が小さい値を示したのは、下方向に作用する重力とは逆の上方向の力が物体に作用したためで、この物体を上方向押し上げようとする力が浮力です。

図３・２のとおり、空気中では物体に主として重力のみが作用していますが、物体を水に沈めると物体を浮かせようとする力が作用し、その浮力分だけ水中にある物体は見かけ上、軽くなったように見えます。

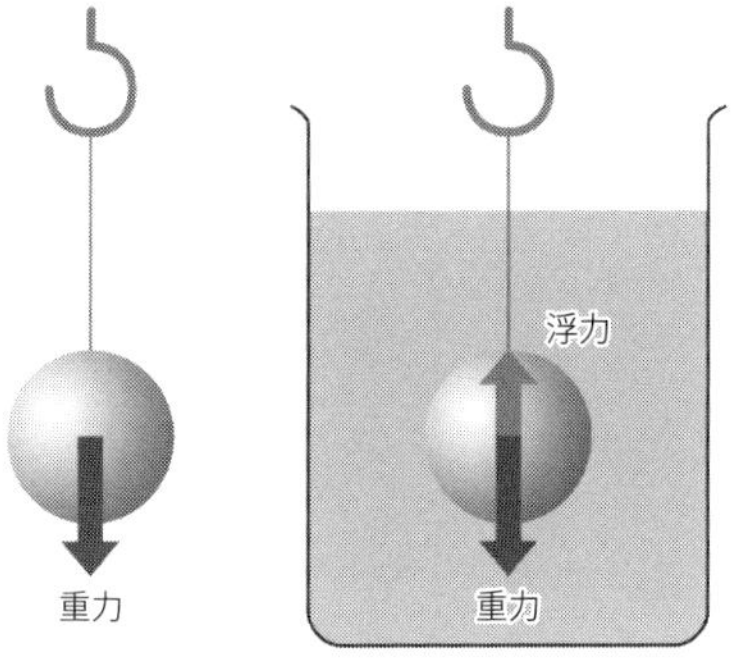

図 3.2　重力と浮力

（2）浮力が生じる理由

水の中に沈められた物体には物体の上に載っている重さが原因で圧力が生じ、その圧力は「水圧」と呼ばれます。水圧は水の深さが増す程、つまり上に載る水の量が増える程大きくなる傾向を示します。

この理由を、具体的に図３・３を用いて説明します。水面からの深さがｈｍとなる最下面１㎡あたりにｈｍ分の水の重さが作用

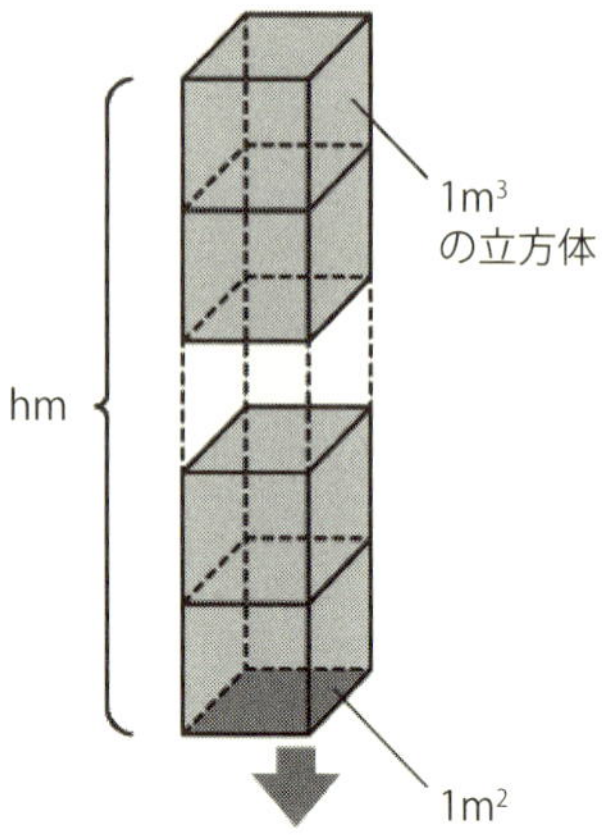

図 3.3　水による圧力

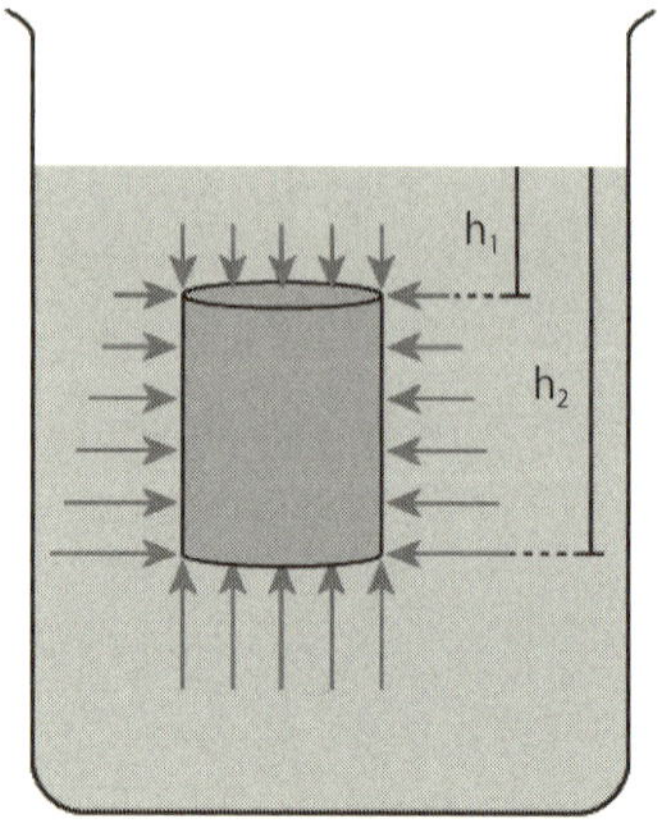

図 3.4　水中の物体に作用する水圧
下側の圧力は高く、上側の圧力は小さい

しています。このことから水圧と水深には比例関係があり、水の中にある物体には深い程大きな水圧が作用することが分かります。ここで大気圧を p_0、流体の密度を ρ、重力加速度を g とすると、水深 h における圧力 p は次の式のとおり表現できます。

（水圧の式）$p = p_0 + \rho gh$

次に図3・4に示す水中の物体に作用する水圧の状況をみると、物体側面に作用する圧力は対面同士で釣り合うためお互いに相殺し合い、合力は0となります。

しかし水深が浅い上面に作用している圧力と水深が深い下面に作用する圧力を比較すると水圧と水深の

関係から、下面に作用する上向きの圧力の方が大きくなり、物体を押し上げる力が作用することが分かります。この圧力の差によって生じる物体を押し上げる方向に作用する力が浮力の正体です。

それでは具体的に水圧の式を用いて浮力を求めて見ましょう。ここで上面と下面の面積をSとすると、上面に下方向に作用している力及び下面に上方向に作用している力は以下のようになります。

（上面の力）$F_{上面} = (p_0 + \rho g h_1) \times S$

（下面の力）$F_{下面} = (p_0 + \rho g h_2) \times S$

したがって、浮力＝下面を押す力－上面を押す力なので、浮力を式で表すと次のように導かれます。

（浮力）$F = \rho g \ (h_2 - h_2) \times S = \rho g V$

ここでVは物体の没水している部分の体積を表しており、浮力は流体密度と物体の没水している部分の体積により求まることが式からも理解できます。

（3）メガフロートと浮力の関係

水面上に静止しているメガフロートには図3・5に示すように重力と水圧の総和で表される浮力が作用しています。そしてその浮力はメガフロートの重量と釣り合うことで、メガフロートが水面上にとどまることができるのです。ここでメガフロートの重力をW、喫水をd、面積をSとすると重力と浮力の釣り合い方程式は以下のようになります。

（重力と浮力の釣り合い）W＝ρgV＝ρgSd

ここでこの式を用いた1つの例として海面上に設置された4000m×250mのメガフロートに航空機が着陸した場合、航空機によってメガフロートがどの程度沈むか計算して見ましょう。海水の密度が1・024t／㎥、大型ジェット旅客機の重量が約200tの場合、メガフロートは航空機1機によって0・2㎜弱しか沈みません。これはメガフロートが平面的にとても大きな面積を有しているためで、たとえメガフロート上に大型の構造物が上載しても、メガフロートはその構造物の重量をメガフロート全体に分散させて支えることができます。

また、メガフロートの上に搭載される建築物や航空機などの重量と共にメガフロートの面積が分かれば、浮体がどの程度沈むか、また浮体重量も分かるならば喫水深さがどの程度となるかを計算することが可能です。逆にメガフロートの喫水深さが分かれば、そのメガフロート全体の重量も簡単に計算できます。

ちなみに大昔の帆船は木製であり、木は水に浮くため帆船が浮くことも容易に想像できますが、帆船には更に浮力が生じるため、逆にほとんど沈まず、そのまま浮いてしまうと重心位置が高くなり、すぐ横転してしまう危険性があるため、砂袋などの重量物を船底に大量に積み込み、安定した姿勢を保てるよう喫水を調整していました。また、浮体式構造物の水面から甲板までの距離を「乾舷」と呼びます。

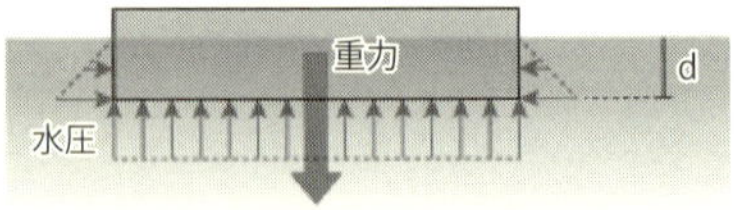

図 3.5　静止するメガフロートに作用する力

3.2 アルキメデスの原理

前節までで説明しました「水中にある物体は、それが排除した体積の水の重量に等しい浮力を受ける」という、この関係は紀元前250年頃に古代ギリシャで数学者、物理学者、技術者、発明家、天文学者として活躍したアルキメデスが発見し、『アルキメデスの原理』と呼ばれています。ここでアルキメデスの原理が発見されるまでの故事が、「黄金の王冠」という古代ギリシャの伝説として残されていますので紹介します。

当時、ギリシャ人の植民都市であったシラクサのヒエロン2世は金細工師に金を渡し、純金の王冠を作らせました。しかし金細工師は金に混ぜ物をして、与えられた金の一部を盗んだ、という噂が広まりました。そこでヒエロン2世は、アルキメデスに金の王冠を傷付けずに混ぜ物があるかどうか調べるように命じました。密度を調べれば容易に混ぜ物があるかどうか分かります。それには王冠を溶かして体積を測りやすい形状に成形する必要があるため、王冠の形状のまま壊さずにこの問題を解決するには別の手法を考える必要があります。アルキメデスは困り果て、ある日、湯船いっぱいにお湯がはられた風呂に入ったところ、水が湯船からこぼれるのを見て、次の瞬間、こぼれた水の量が水の中に入れた身体の体積に等しいことに気が付き、アルキメデスの原理のヒントを発見したと言われています。

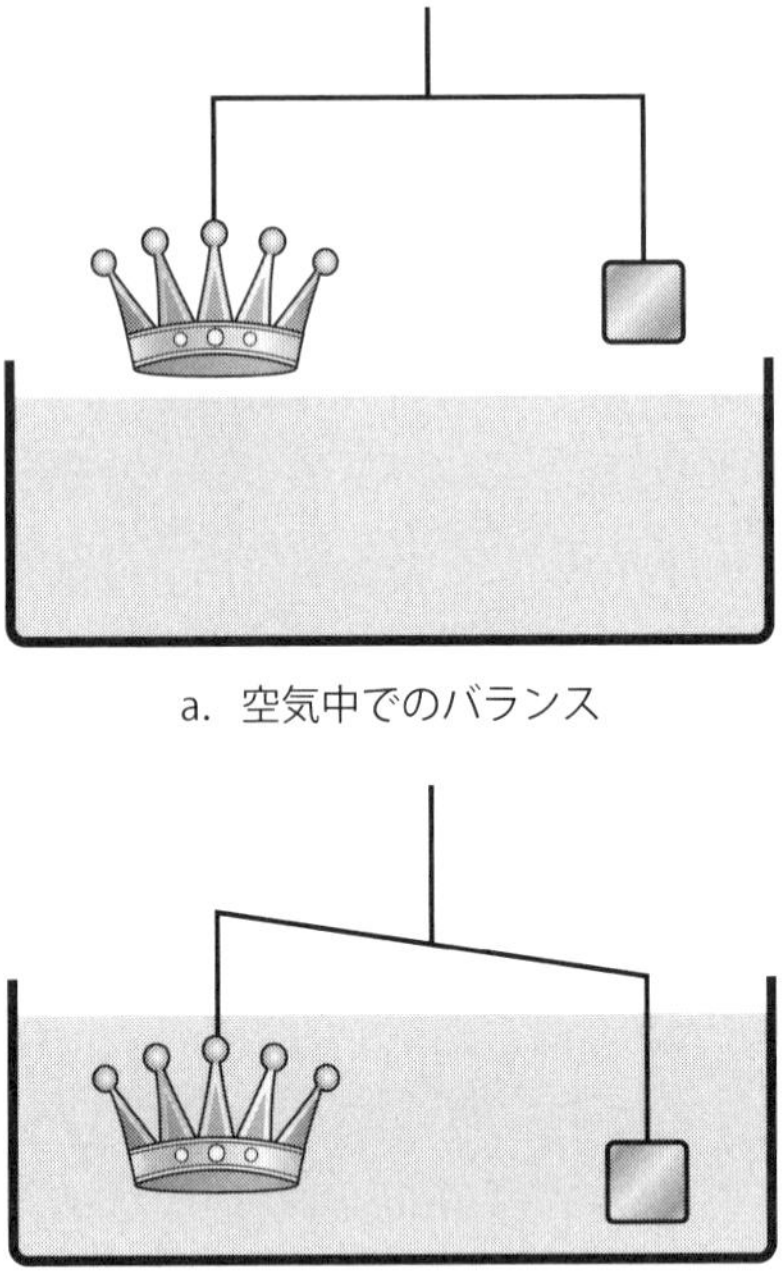

図 3.6　アルキメデスの原理

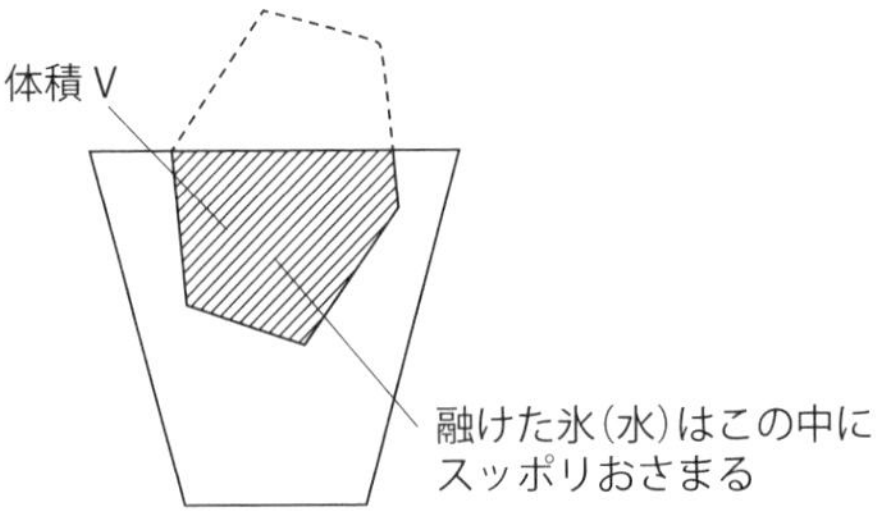

図 3.7　水に浮かぶ氷

そこで「王冠と同じ重さの金塊を用意し、王冠が金塊と同じ重さで体積が等しいならば混ぜ物は無く、純金であることがわかる」との判断から、アルキメデスは金細工師に渡した純金と同じ重量の金塊を用意し、これと王冠を天秤棒に吊るしてバランスを取り（図３・６ａ）、水を張った容器に入れました（図３・６ｂ）。始めに空気中では天秤棒のバランスは保たれていましたが、両者を水中に沈めたところ両者の体積に違いがありバランスが崩れたため、王冠と金塊の比重が違うことが判明し、金細工師の不正が明らかになりました。これがアルキメデスの発見した浮力の原理です。この話はアルキメデスの著作には見られずアルキメデス没後、約２００年のウィトルウィルスが著した文献に記述されているエピソードです。

（参考：金の密度１９．３g／㎤、銀の密度１０．５g／㎤）

ここでアルキメデスの原理に基づいた話として、もう１つの話を紹介します。図３・７のようにコップの中の水に氷が浮いていて、その氷が溶けた場合、水面の高さは上昇するのかという話です。一見、水面より上に氷が飛び出しているため氷が溶けるとコップから水がこぼれるように感じますが、その氷は水に沈んでいる体積分の水に変化するので、水面の高さは変わらず水がこぼれることはありません。

塩分濃度や水温で変化する海水の比重

河口付近では淡水と海水が混ざり合うため塩分濃度も低くなり汽水域となります。そのため比重も１・０１を下回る水域も当然あります。逆に世界でも特に塩分濃度が高く有名な湖の死海では塩分濃度が30％を超え比重は１・２にも達します。

また一般的に物質は温度が下がるほど密度が高くなる傾向を示します。これは海水も同様で、海水は水温が下がる

表 3.1　水温変化に伴う海水の比重

水温［℃］	比重（1.024 基準）
0	1.02847
4	1.02814
8	1.02763
12	1.02695
16	1.02611
20	1.02512
24	1.02400
28	1.02242
32	1.02103

ほど熱運動が抑えられて凝縮するため、海水は冷やされるほど高い比重を示すようになります。ここで実際に塩分濃度35％、水温24℃の海水の比重が水温によりどの程度変化するかについて、海水の状態方程式を用いて計算した結果を表3・1に示します。

このように様々な環境、水域によって海水の比重が異なることから、アルキメデスの原理より、メガフロートの喫水は数十㎜～数百㎜異なることもあり、メガフロートを設計する場合には、設置する海域の海水の比重に影響を受けることを十分に考慮しておく必要があります。

3.3 浮かすことで地震の揺れを防ぐ

メガフロートは海上に浮かぶことの効果を最大限活用しておりますが、この水のモノを浮かせる力、すなわち「浮力」を用いることで地震の際、建物に伝わる揺れを低減させる免震構造が、清水建設により開発され自社技術研究所の新風洞実験棟で実用化されています。通常陸上に建てられる建物は地中に基礎を築き、その上に階層が積み重ねられますが、開発された建物は「パーシャルフロート」と呼ばれ、基礎部分が巨大な貯水槽になっており、水の中に建物躯体が浮かぶように設置され、基礎となる部分は水と積層ゴムによる免震装置により構成されています。建物は水による浮力により浮いているため地震時の水平振動はほとんど伝搬しません。また、免震装置も建物が浮力により浮かされるため積層ゴムが担う重量が減り、通常の免震装置よりも小型化できるメリットがあるとされています。さらに、浮力により建物が支えられるため、建物の揺れの周期が長くなり、地盤面から伝わる地震の揺れが弱まり、地震の被害を少なくすることができるとされています（図３・８）。

3.4 巨大な構造物は浮かせやすい

浮体式構造物を浮かせるということは、ただ単に海の上に浮いていればよいという訳ではなく、安定して浮かせる必要があります。安定して浮かせるということは、傾かないとか転倒や転覆しにくいということで、構造物の底面（床）が真直ぐに水平を保ち水に浮く状態を指します。すなわち、メガフロートを浮かせるということは１０００ｍ以上の長さのある表面の水平を保つということになります。

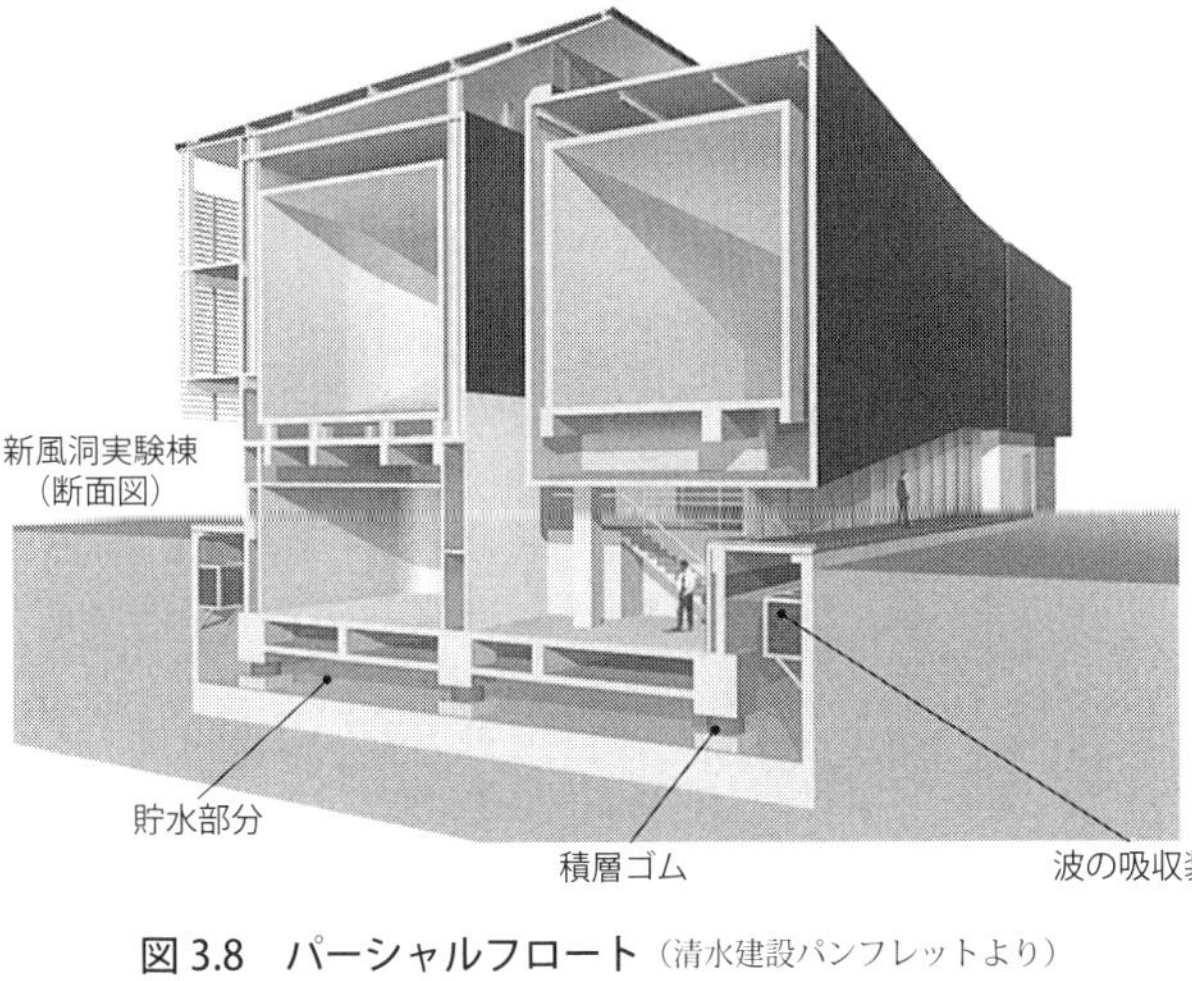

図 3.8　パーシャルフロート（清水建設パンフレットより）

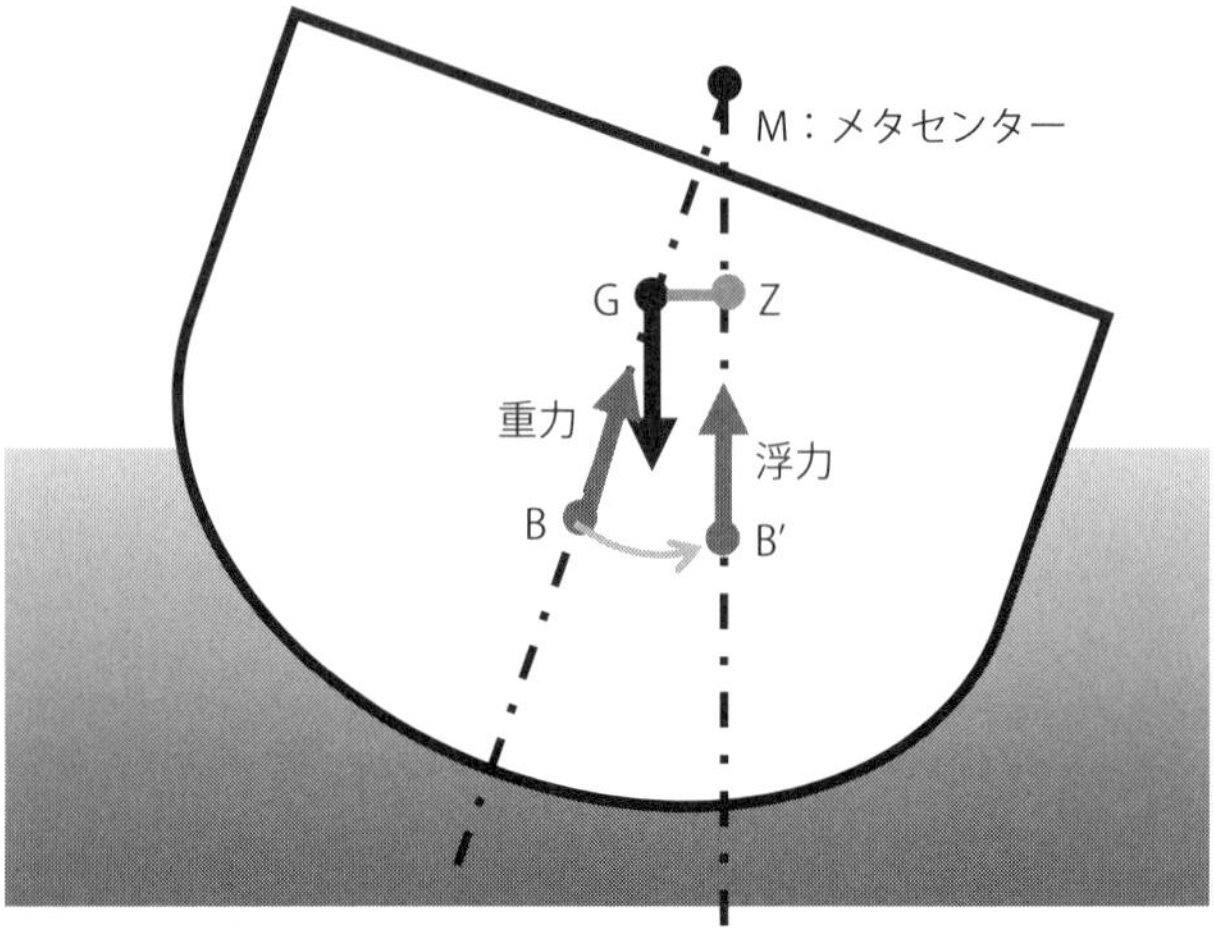

図 3.9　浮体のメタセンター

浮体式構造物の安定性の程度を静的安定性といいます。静的安定性が優れていれば構造物は転倒や転覆はしにくくなり、少し傾けても直ぐに元の位置に戻るわけです。また、大きく傾けても倒れずに元に戻ります。この安定性の程度は浮かせる構造物の重量とその分布そして形状により決まります。具体的には重量、重心の位置（高さ）、水線面の形状と没水下の形状から決まる浮力の中心（浮心）の位置（深さ）です。没水下の体積も直接必要なパラメーターですが、アルキメデスの原理により重量から決定できます。これらのパラメーターからメタセンターと呼ばれるパラメーターが決定されます。メタセンターは浮体式構造物の傾斜による浮心位置が円弧を描いて移動する際の円弧の中心点です（図3・9）。このメタセンターの位置は浮体式構造物の傾斜により次第に低い位置に移動していき、重心位置よりも下になった瞬間に浮体は引っくり返ります。したがって、このメタセンターが初めから高い位置にあれば、その浮体式構造物は転倒しにくいと言えます。ただし、メタセンターの位置そのものは重心位置に関係なく、没水体積と水線面の形状で決まってきます。重心は下にあるほど安定して転倒しにくいことは経験的にわかります。浮いている物体の安定性は重心とこのメタセンターの距離で決まり、これをメタセンター高さといいます。重心が高くともメタセンターがさらに高い位置にあれば構造物は比較的安定して浮かすことができます。また、メタセンターは形状だけで幾何学的に決定されてしまうため、最終的にはより重心位置を下げる工夫も必要になる場合があります。ヨットのように風を受けて傾斜して走る船は、安定性が重要です。ヨットの船底にあるキールは深く錘を船底に入れることで重心を船の低い位置に設定します。結果として重心とメタセンターの距離、すなわちメタセンター高さを大きく取ることができ、非常に転倒しにくい船になります。

このメタセンター高さを決めるパラメーターである没水体積は構造物の重量が決まれば没水体積が決定されるので、重要なことは形状だけになります。安定性を左右するのは水線面の形であり、直接的な表現をすれば浮面心を通る軸に対する断面二次モーメントの大小になります。断面二次モーメントが大きいほど安定性が高くなります（図3・10）。

例えば、発泡スチロールの細長い棒状のピースを水面に置けば、それが浮くことは容易に想像できます。しかし、そのピースは立つでしょうか。おそらく誰もが横に倒れた状態で浮くことを想像するはずです。立ったとしてもそれはおそらく倒れてしまうだろうと考えるのが普通です。軽いのに立たない、立つこと

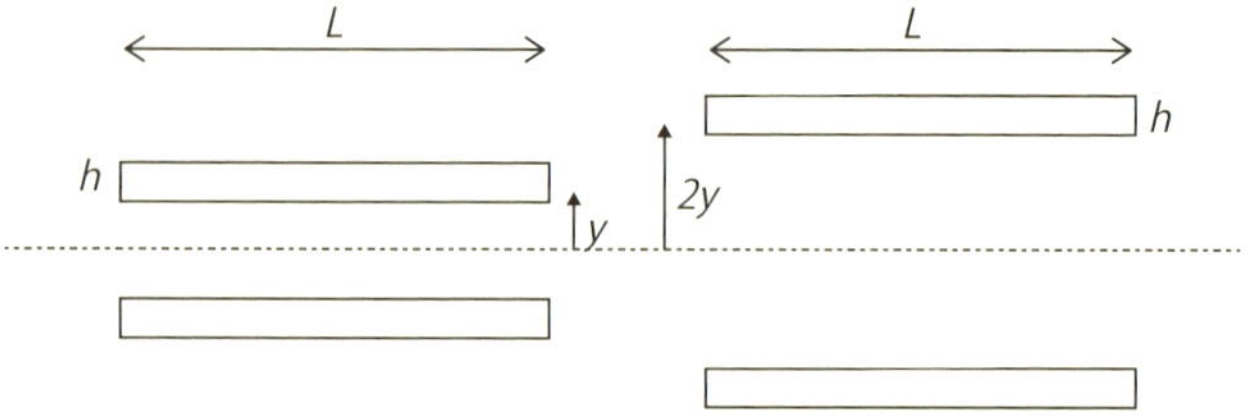

$$I = 2\cdot\left(\frac{Bh^3}{12} + Bh\cdot y^2\right) \qquad I = 2\cdot\left(\frac{Bh^3}{12} + Bh\cdot(2y)^2\right)$$

浮心からメタセンターまでの高さ：$BM = \frac{I}{V}$、V：排水体積

図 3.10　水線面の断面二次モーメントと浮心メタセンター高さ（BM）

ができないのは、1つには軽いわりには重心が高くなってしまうことが理由だと考えられます。発泡スチロールの一様なピースを立てれば、重心は高さ方向の真ん中にあります。重心が高いので倒れてしまうのは事実ですが、正確な表現ではありません。前述したようにメタセンター高さが低いからです。この場合はメタセンターが初めから重心よりも下にある、メタセンター高さはマイナスの状態になります。では、同じ棒をたくさん立てて横に並べてみましょう。横に並べて長くなったものを複数作ってさらに複数列並べて平面的に大きくしてみましょう。これを隙間なく埋めたとしたらただの発泡スチロールでできた厚い板となります。これは平らに浮きそうです。1つの棒状ピースでは立たないものが、平面的にたくさん繋げることで転倒せずにいられるようになる訳です。ピースの数が増えた分だけ全体の重さは大きくなりますが1つ1つのピースの重さに変化はなく、同様に没水体積も増えた数だけしか大きくなりません。では、倒れなくなった理由は何でしょうか。それはメタセンター高さが充分に大きくなったからで

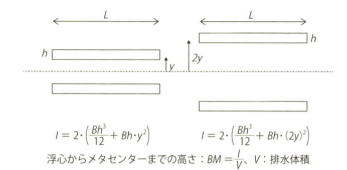

す。前述したようにメタセンターは水線面の断面二次モーメントの大きさに比例して高くなります。ピースを並べて幅が2倍になると断面二次モーメントは2倍にしかなりませんが、考えるべき回転軸に垂直な方向に幅が2倍になれば、断面二次モーメントは2の3乗の8倍に大きくなります。一本では水面に立たせることができない細長い四角柱を平面的に四角になるように4ヶ所に配置して4本を繋げれば、4本の柱で水面に浮かせることができるようになります。平面的に長さと幅方向に断面二次モーメントが大きくなるので、メタセンター高さを十分に取れるようになり、結果的に安定して浮かすことができます。同じ部材を使っても、四角形の面積が小さいとやはり安定しなくなってきます。

このように、水面を切る断面二次モーメントの大小は、浮体式構造物が安定して浮くか否かに大きく関わってきます。このことから、平面的に面積を拡げていくことは基本的には安定して浮くということになります。平面的に小さな浮体の重心をできるだけ下げて、釣りの浮きのように安定させて立たせることもできますが、重心を無理に下げなくとも面的に広げて大きくすることで安定します。このような意味では構造物を面的に大きくするほど浮かせやすく、安定させやすいといえます。メガフロートは、まさに平面的に巨大な構造物であり、前述の説明によれば非常に安定して浮く構造物であると言えます。

第4章 どう安定させるか

4.1 海の波で揺れる

海では海面に浮いているものは風の力や波の力によって揺れますが、波浪とは海上を吹く風によってつくり出される海洋波のことを言います。波浪の周期は3秒程度から25秒程度までの範囲です。台風時の波浪の周期は8秒から10秒程度になります。このような周期の波の中に設置されてもメガフロートが揺れないようにするためには、浮体の運動の固有周期をできるだけこの周期範囲からずらす必要があります。

波の大きさは波高や周期がパラメーターとなります（図4・1）。波高は波の谷から峰までの高さを表し、

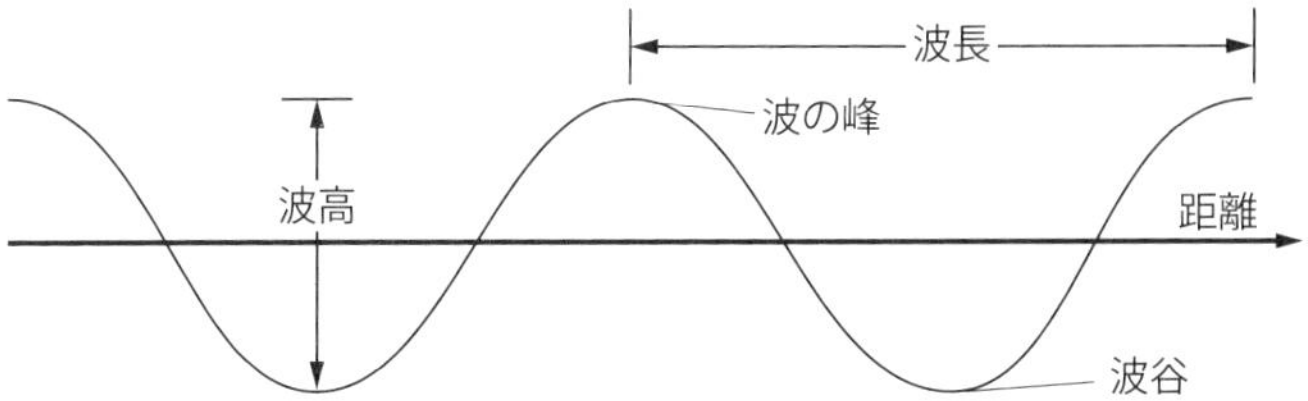

図 4.1　波のパラメータの定義

波の周期は波が1波長進むために要する時間を表します。波長とは波の峰から峰、あるいは谷から谷までの距離を指します。波の波長は周期によって変化します。波が進む速さ（位相速度とか波速）は波長と周期の関数であり前述の「波長は周期によって変化する」あるいは、「波速は周期によって異なる」と言いますが、このことはやはり波の性質だけでなく浮体式構造物が揺れるという現象の扱いそのものに直接関係します。周期により波の進む速度は異なりますから、周期の長い波が進行速度が速く、周期の短い波は進行速度が遅いため、波の形状が異なってきます。これは不規則に見える波は周期と波高が一定の規則的な波（規則波）を成分波として、たくさんの成分波が重なり合っていることが前提にあるのです。不規則な海の変動は規則的な変動の重ね合わせによって出来上がっているということは、すなわち規則的な波をある条件で足しあわせて形成されている、ということになります。このことも浮体式構造物の運動を考える上でとても大切な概念になります。

4.2 波浪による浮体の動揺

海に浮かぶ構造物は波浪によって揺れますが、これを動揺といいます。たわまない構造物を剛体といいますが、剛体である浮体式構造物の動揺は6自由度で表現されるのが一般的です。6自由度とは運動する方向を定義したもので、3次元の直交座標系で考えると3つの軸（X軸・Y軸・Z軸）に平行な並進運動（前後揺、左右揺、上下揺）が3つと、それぞれの軸周りの回転運動（縦揺、横揺、船首揺）が3つです。波浪によって複雑に動いている剛体運動はこの6つの運動モードの重ね合わせで表現できます（図4・2）。

一般的に浮体式構造物や岸壁に停泊している船舶は何らかの方法で係留されることで定点に留まります。係留しないと動揺するだけではなく、流されてしまう

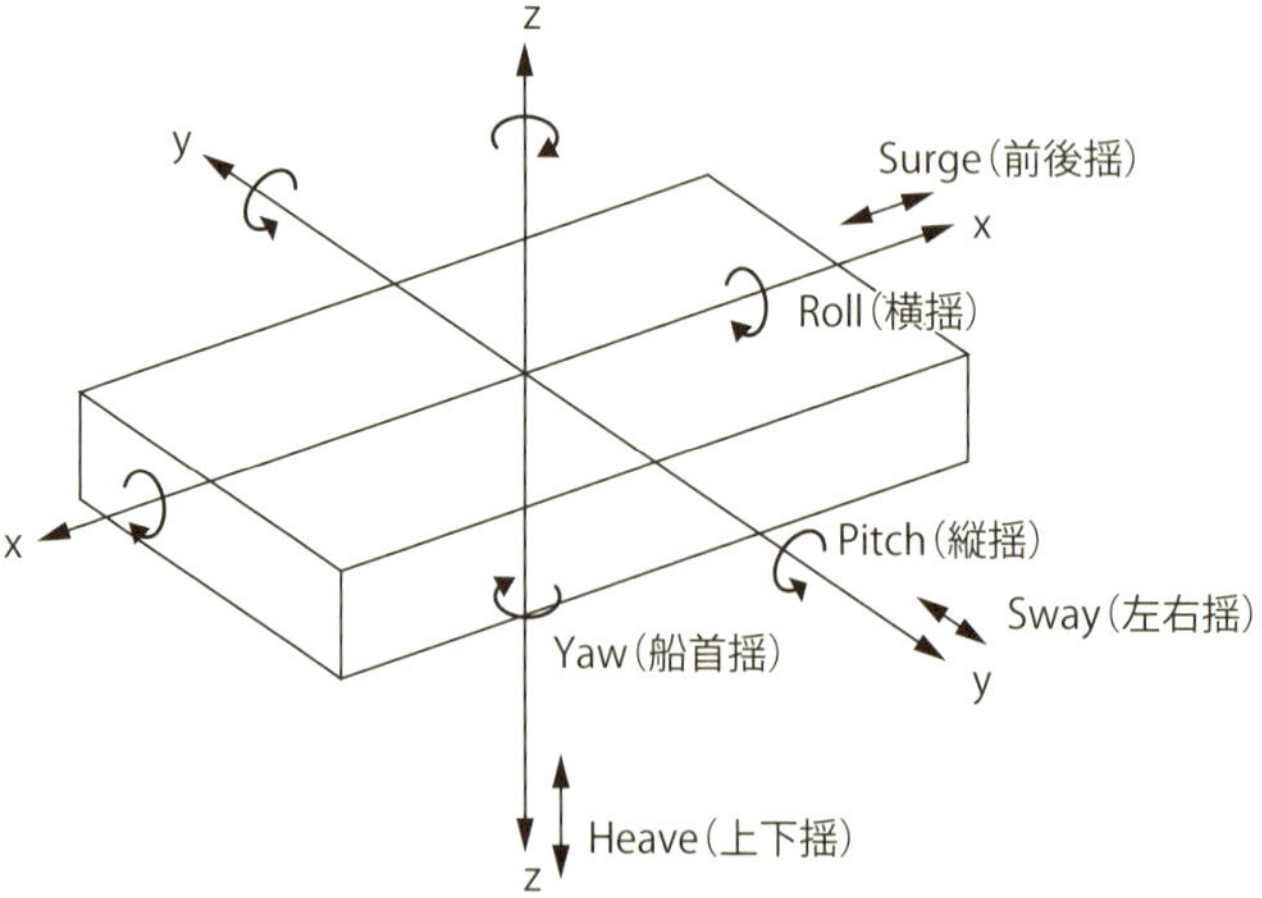

図4.2　浮体動揺の6自由度揺

からです。係留することを「位置保持」ともいいます。係留されていない状態の浮体式構造物を自由浮体と呼びます。自由浮体であっても、上下揺、縦揺、横揺に固有周期が生じます。それ以外の運動モードは水平面内の動きだけなので自由浮体の場合は押されても戻ってきません。つまり、復原力がないためです。前述した上下揺、縦揺と横揺は動くことにより部分的にでも喫水が変化して復原力の大きさが静止している時とは違ってきます。この復原力は静水圧の変化によって発生する静的復原力あるいは縦揺と横揺は回転運動ですので、静的復原モーメントと呼ばれます。いまこれらを総称して復原力と表現します。質量があり復原力がある系では固有周期が存在します。波のない静水中で浮体を少し沈めて手を話すと元に戻ろうとします。そして、しばらくの間、上下に揺れ続けます。このときの揺れの周期は固有周期に対応します。これは縦揺でも横揺でも同じです。当然ながらこの3つのモードで固有周期は同じではありません。波がなくとも固有周期で浮体が揺れわけですから、外力として固有周期と同じ周期の波浪が入射してくると、浮体はとても大きく揺れ始めます。このことは海面に浮いている浮体でも、バネに錘を吊るしただけのものでも同じことです。

1～4秒程度の固有周期になるように浮体式構造物を設計するか、20秒を超えるような固有周期になるように浮体式構造物を設計するか、というように一般的に存在する波浪の周期から固有周期を外すことが重要です。係留された浮体は、係留索のもつ復原力特性により固有周期が変化したり、前後揺、左右揺、船首揺のように自由浮体では存在しなかった運動モードにも固有周期が見られたりするようになります。

一般的に係留されることで前後揺、左右揺や船首揺の固有周期は数十秒になると考えられます。

波浪による浮体の揺れ方は形状や重さによって異なります。同じ重さ、すなわち同じ排水量（船舶や浮体の重さの表現）であっても様々な形状で浮体を計画・建造することができます。結果として揺れ易い形状から揺れ難い形状まで浮体の形状を設定することができます。一般的な浮体式構造物の形状は1）ポンツーン（浮函）型、2）セミサブマーシブル（半潜水）型、3）スパー（モノコラム）型、4）テンション・レグ・プラットフォーム（緊張係留）型などがあります。この中でポンツーン型が最も波浪に対して揺れ易い形状だといえます。セミサブ型は水線面積を小さくして、波浪の影響をできるだけ構造物が受けないように工夫された浮体の形式です。波浪の影響を受け難いとはつまり波力が小さいとか運動した時の流体反力が小さいということです。余談ですが、フーチングが付いたコラムでは、鉛直波力がほとんどゼロになる波周期（周波数）が存在します。波なし周波数とよばれるものです。逆に静水中でこの浮体を上下に規則的に波なし周波数で動かすと、ほとんど波は立ちません。ポンツーン型は浮体底面積が大きくなるために大きな上下方向の波力を受けてしまいます。水線面積が大きな分固有周期は短くなるのですが、それでも大きな波力によって大きく動揺してしまうのが一般的です。

4.3 メガフロートの揺れの特性

a. 一般船舶の場合　　b. メガフロートの場合

図 4.3　波浪と一般船舶及びメガフロートの関係

メガフロートは、海面上に建設されますから波浪の影響を受けます。しかし、メガフロートはその名前のとおり、巨大なるがゆえにほとんど揺れることはありません。図４・３に示すように、一般的に小さな船舶や小さな浮体式構造物よりも、大きな船舶や大きな浮体式構造物が揺れないことは、皆さんも経験されていることと思います。これは波長に比べ浮体の長さが長いほどたくさんの数の波を受けるため(図４・３b)、持ち上げようとする力と引き下げようとする力が、互いにその力を消しあうためです。そのため、メガフロートでは、波による上下揺れや回転運動等の剛体運動は起きません。ではメガフロートはまったく動かないのでしょうか。実はほとんど人体では感じないのですが、微小にゆっくりと揺れています。メガフロートは鋼鉄でできているため、板バネのようにしなやかです。波浪の振動が外力としてメガフロートに伝わりメガフロートもそれに応じて波の周期で振動します。この現象を弾性応答と呼びます。

　では、ここからメガフロートの弾性応答に浮体式構造物の表面の傾きを加えて解説します。図４・４は有義波高１m当りのメガフロート中央部での鉛直方向の振れ幅の計算例で、波高１m周期７・５秒で約４㎝程度です。台風直撃時でも、例えば東京湾では、波高が２mくらいなので、この振れ幅は、４㎝×２で８㎝くらいであることがわかります。メガフロートの振れの長さ（波長）は、およそ２００m程度であること

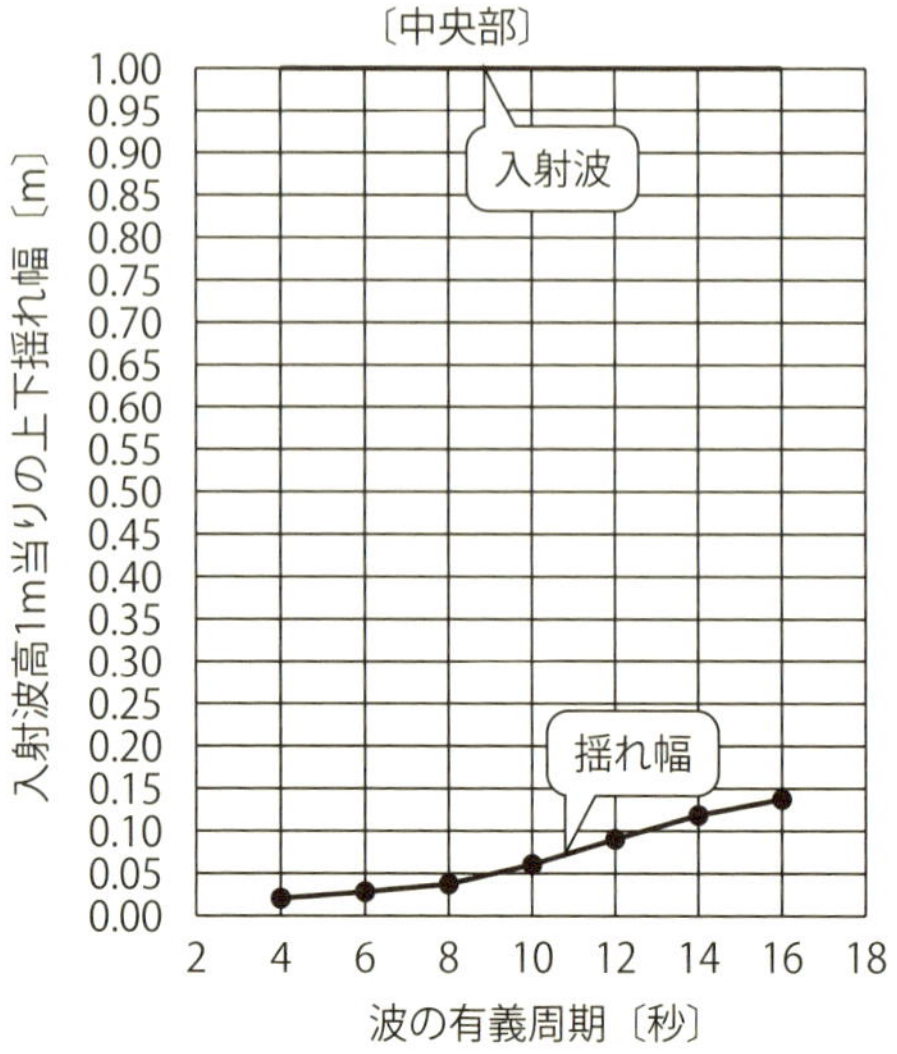

図 4.4　入射波高 1m 当りの上下揺れ幅

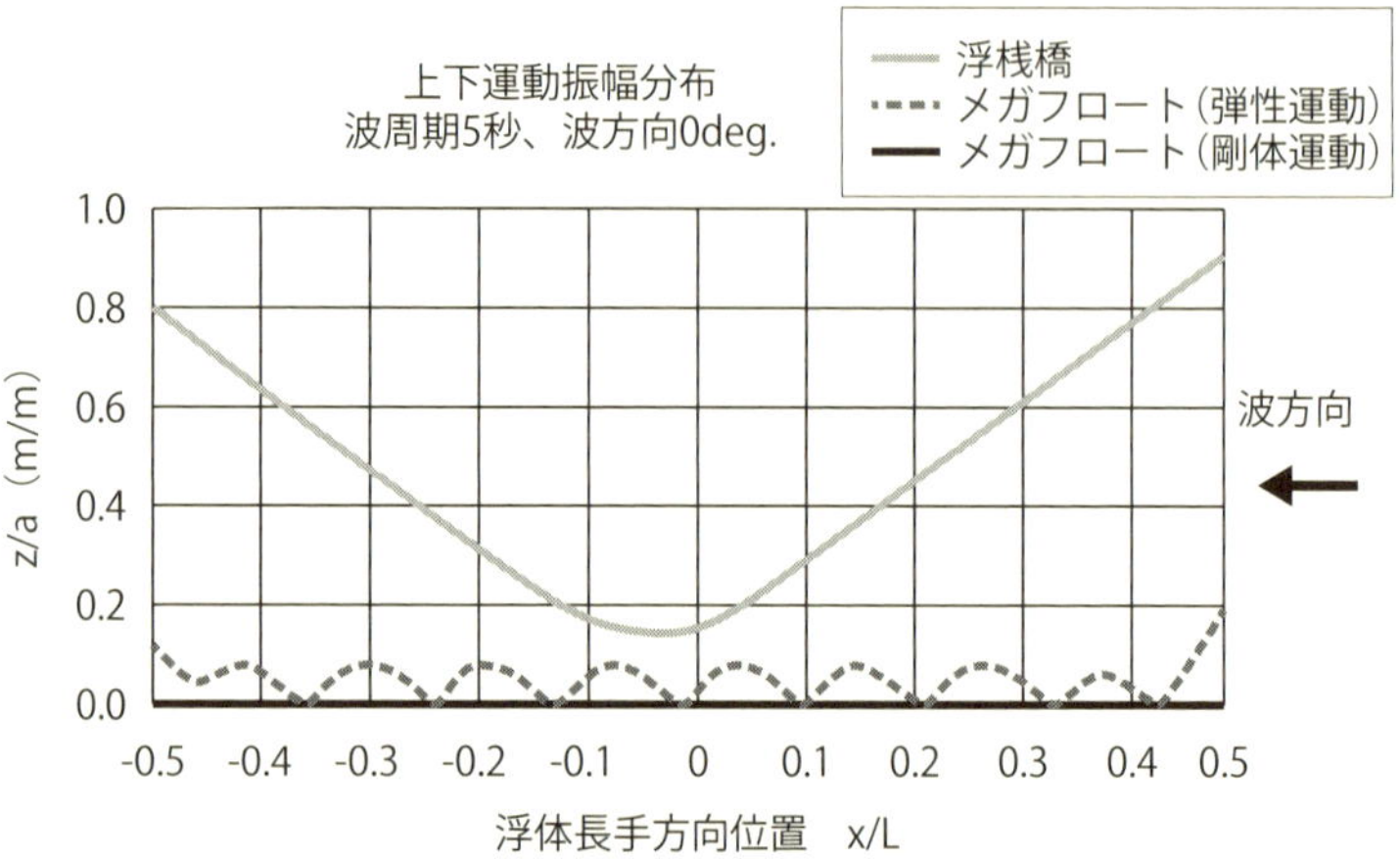

図 4.5　メガフロートと小規模浮体の上下運動振幅の比較

がわかっています。したがって振れの傾きは非常に小さい値です。

ところで、小規模浮体とは数十ｍ程度の浮桟橋等であり、この様な小規模浮体は剛体と考えることができます。剛体である浮体と浮体式空港等を想定した１０００ｍ級の浮体の上下運動振幅の浮体式構造物の長手方向分布の比較を図４・５に示します。図中のグレーの実線は、小規模浮体の上下運動振幅を表示し、点線がメガフロートの弾性運動振幅、実線がメガフロートの剛体運動振幅を表しています。これからわかることは、浮桟橋等の小規模浮体施設の場合、浮体構造物全体が波による海面上下運動や海面の傾斜に乗ったような回転を伴った運動性状になるのに対して、メガフロートはその大きさの効果によって弾性変形しています。波は浮体内部に進入できず浮体全体の上下運動や傾斜は、極めて小さなものとなります。したがって、メガフロートを剛体と仮定してみるとほとんど動揺しないことがわかります。

メガフロートが波浪により弾性変形することは既に述べました。その現象をもう少し細かく述べてみます。弾性変形する応答（弾性応答）は波浪の周期に対応しますが、その変形の波長（振動の弾性波）は水面の波（水波）と異なり図４・６のような関係を示します。この水波との関係はメガフロートの構造物の面形状、構造物の曲げ剛性、水深、波周期などに影響されますが、最も影響の大きいものが構造物の運動により生ずる海水の運動効果(付加水効果)です。付加水効果の一例を示したのが図４・７です。この場合、振動周期が５秒のとき構造物の振動節数は約50となり、この時の付加水効果は自重約１トン／㎡程度の約25倍すなわち約25トン／㎡となり、メガフロートは付加水効果により見かけよりは、かなりの重量を持つ

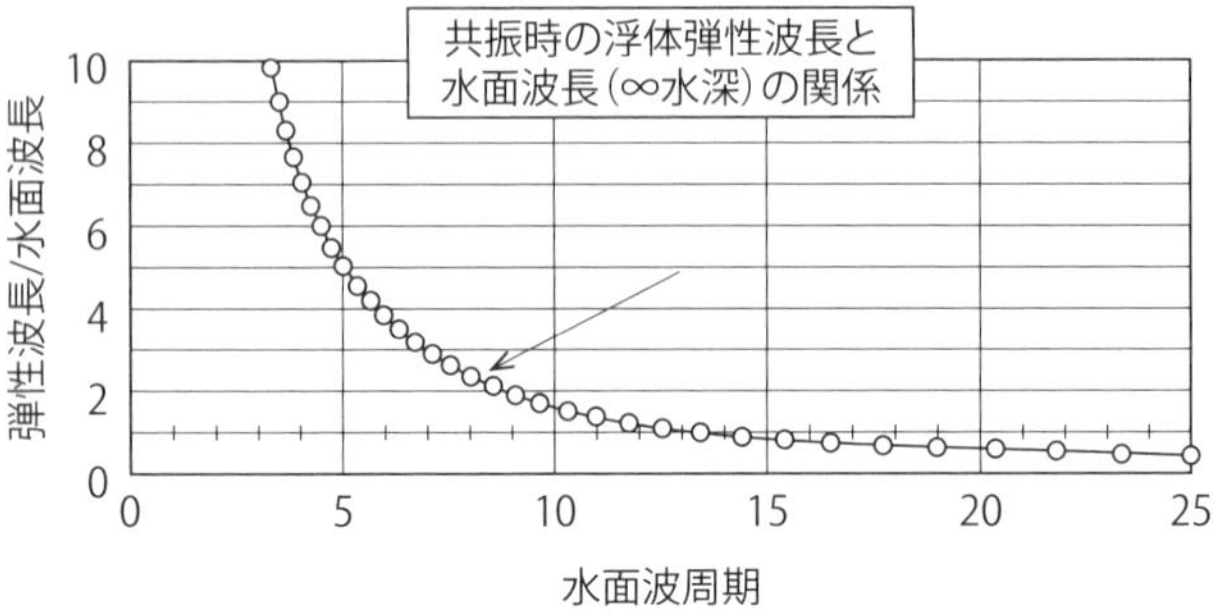

浮体の振動の波長≒200m

図 4.6　鉛直運動特性—振動波形

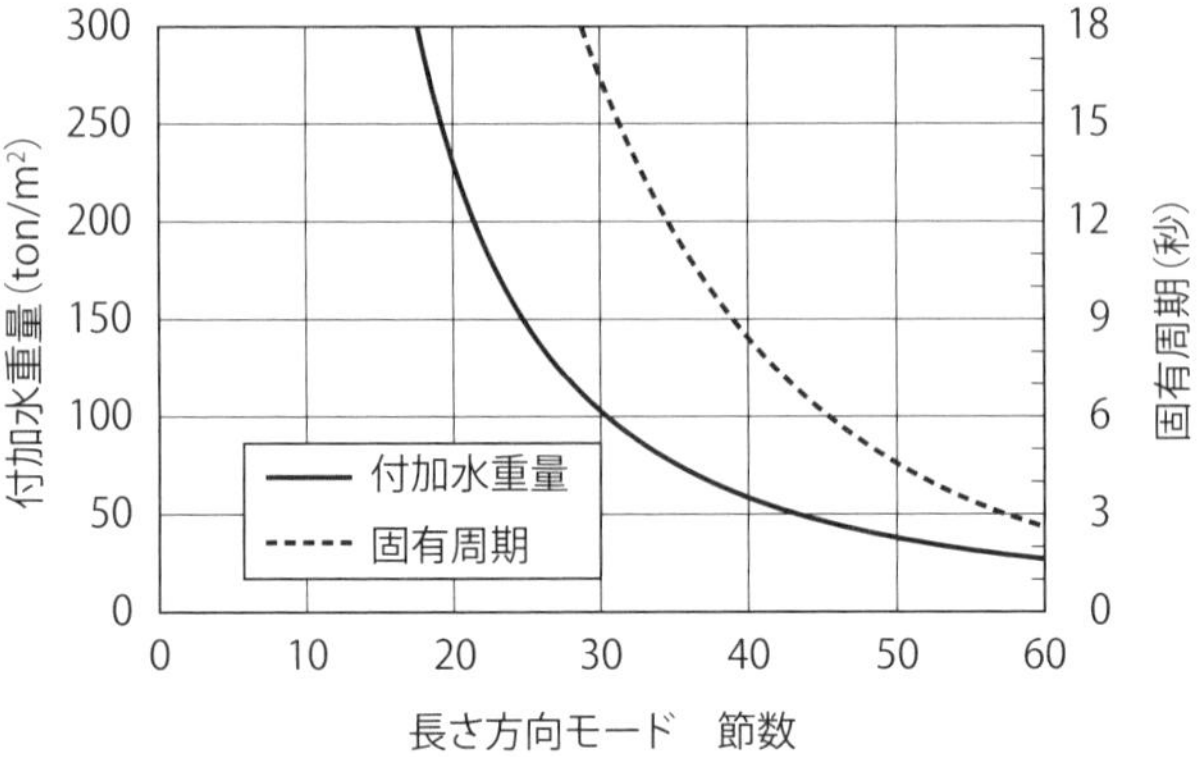

図 4.7　鉛直運動特性—付加水

付加質量は、浮体の質量よりはるかに大きい。

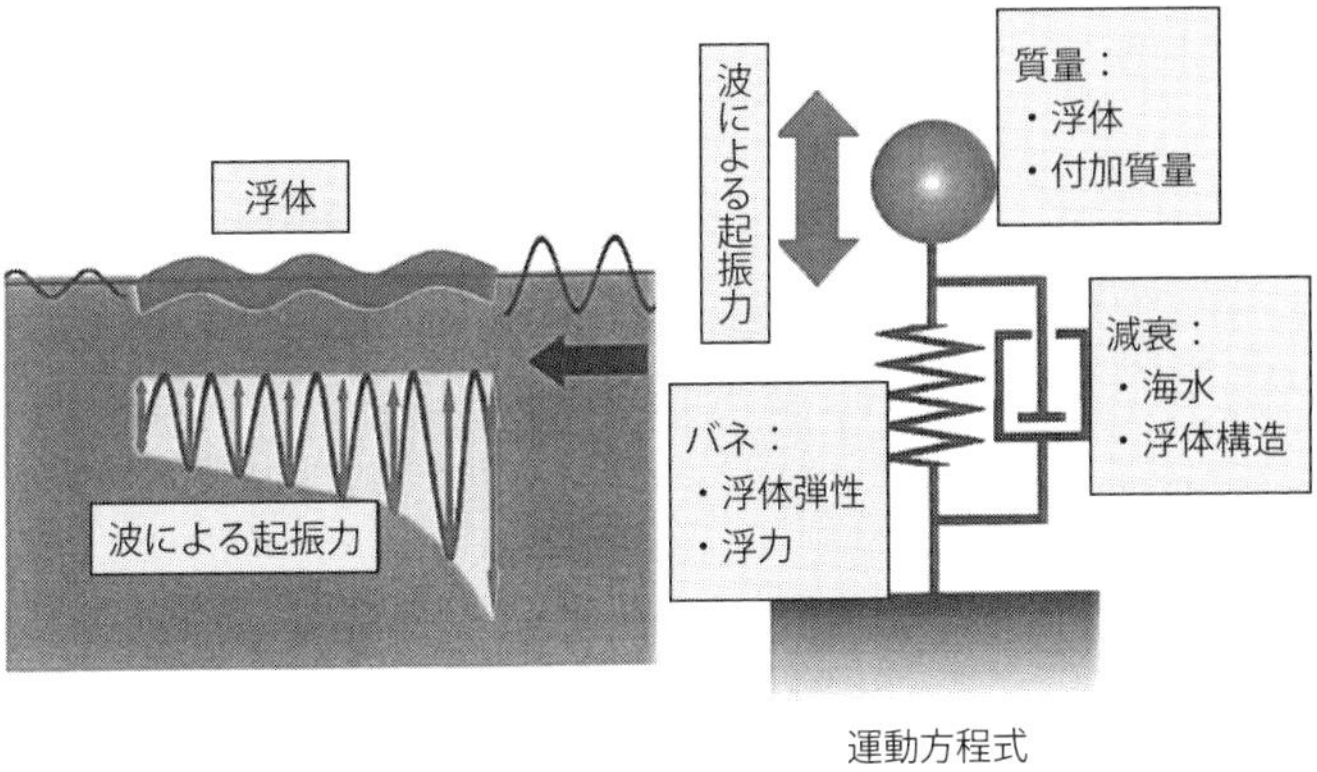

図 4.8　波による鉛直運動の模式図

上載建造物が搭載されても弾性挙動に対する影響は小さいことが理解できます。この見かけの重量の増加は実際には質量の増加と考えることになります。これを付加質量と言います。

船は剛体運動を示しますが、メガフロートはその下に存在する海水と相互干渉しながら上下（鉛直）方向への振動現象を起こします。ただし、振動の振幅の大きさ（歪）はメガフロートの構造体の深さに比較すると微小ですが、構造の安全性を確認する必要があるためその解明に多くの研究がなされてきました。

浮体は、波により海水とともに上下振動します。この現象を浮体の部分要素毎に図4・8のような振動モデルの運動方程式で表現することで多元の連立方程式となります。メガフロートの弾性挙動は、このように単純化したモデルで、質量、バネ、減衰などの特性を考えれば、比較的に容易に理解することができます。

第5章 どう係留するか

5.1 船舶の係留

メガフロートは海面に浮いているため係留装置は必須になります。通常、船舶を係留する方法は、船舶が沖合で入港待ちをしている時に行われる錨泊状態と同じです。その状態を図5・1に示します。この状態は船舶が所定の海面（位置）で停泊のために搭載しているアンカー（錨）とチェーン（鎖）を投下した後にスクリューを反転し、アンカーが海底に確実に潜りチェーンがカテナリー状（糸の両端をもって垂らしたときにできる曲線）に張った状態で反転を止めて係留状態にします。この状態の時、船は前後方向へ

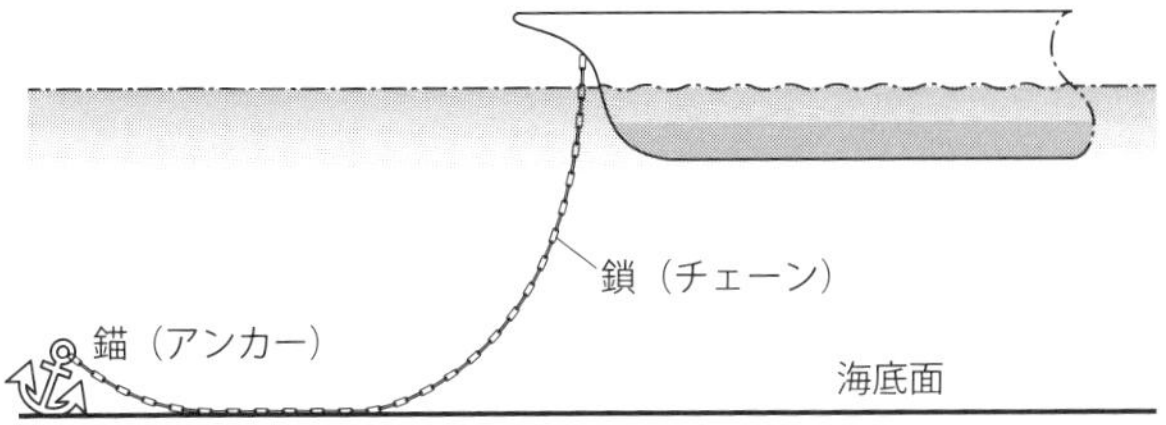

図 5.1　船舶錨泊状態

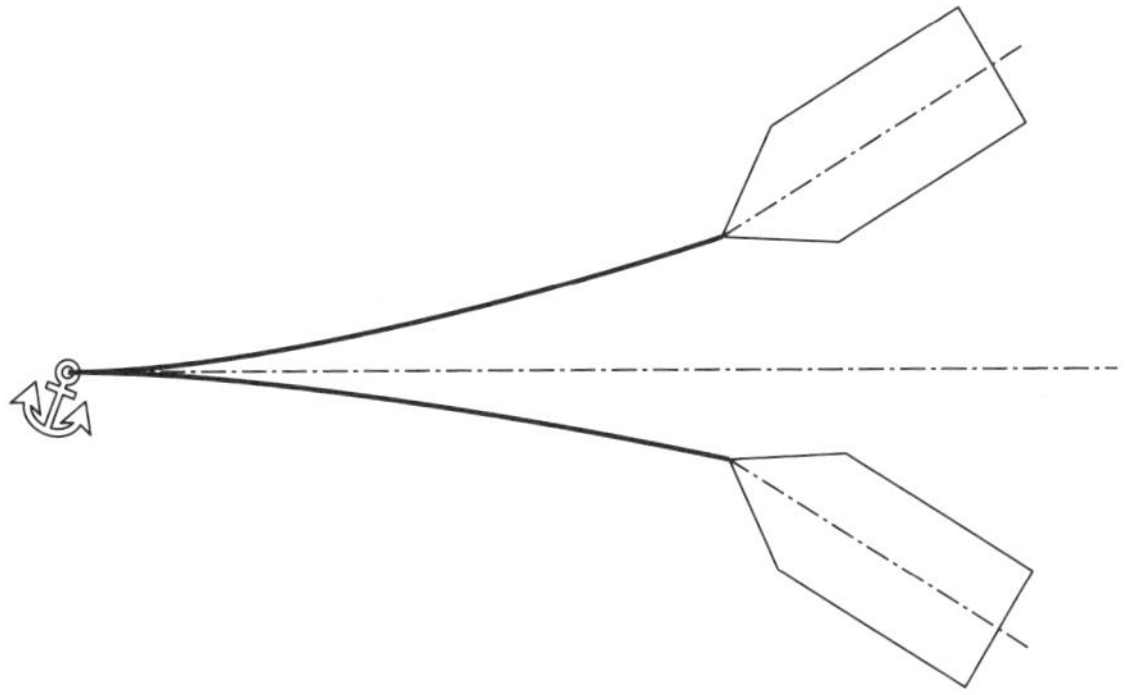

図 5.2　船舶錨泊状態

はあまり動きませんが、風波と潮流の方向によってはアンカーを中心にして左右に触れ回ることがあります。その状態を図5・2に示します。錨泊中の船舶の振れ回りは特に問題ありませんが、メガフロートのような浮体構造物の場合は、こうした振れ周りは許容されないため、所定の状態で係留するための装置が必要になります。

通常の錨泊状態では船はアンカーの把駐力（アンカーが海底の底質との間で発生する抵抗力）に保持されて漂流することはありませんが、台風などの荒天時には漂流が起きる場合もあります。それはアンカーの把駐力が小さいためです。したがって船舶では台風が予想される場合はアンカーを引き上げて沖に避難するか、港の岸壁に友綱で係留することが必要になります。

一方、石油掘削を担う浮体式海洋構造物の場合は、石油汲み上げ用のパイプが海底深く石油の溜まる層まで挿入されて繋がった状態になるため、その係留装置は船舶のものよりもかなり係留能力が大きくて安全性を保持できるものが要求されます。そのため、船舶用とは異なる特殊な形状をしたアンカーが使われます。係留状態で諸作業を行う浮体構造物の係留方式を図5・3に示します。

5.2 海洋構造物の係留法

（1）カテナリー・チェーン方式

浮体構造物の場合、四隅からチェーンを繰り出しアンカーまたは海底に沈設した基礎に止めて位置を保持する方法があ

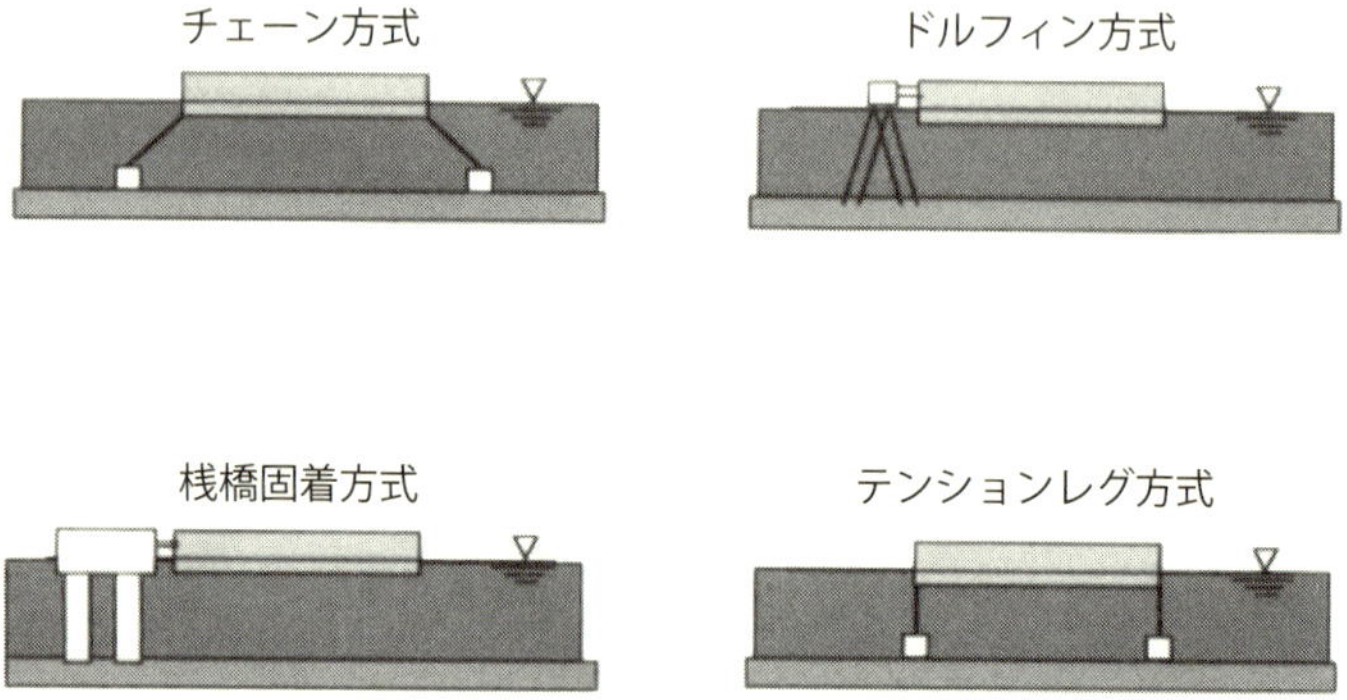

図 5.3　種々の係留方式

ります。この方法は比較的水深の深い海域で作業している浮体式構造物で採用される方法ですが、逆に水深が浅いとチェーンの張力変動が大きくなり定点位置に係留することが難しくなると言われています。

この方式には水深や海象条件に合わせて中間ブイを挿入したり、工夫を施し所定の性能を発揮するようにした種々の方式があります（図5・4）。

（2）杭・ドルフィン方式

この方式は、海底に杭式構造物（以下ジャケットという）を立て、その上に係留装置を上載したものでドルフィンあるいは係留杭と呼ばれる浮体式構造物を係留する方式です。この方式は、通常は浮体式の石油生産設備などが、設置された位置を維持できるように複数のドルフィンで係留しますが、振れ回りを許容する1点係留方式もあります。メガフロートの場合は、複数のドルフィンで止める方式が使われています。

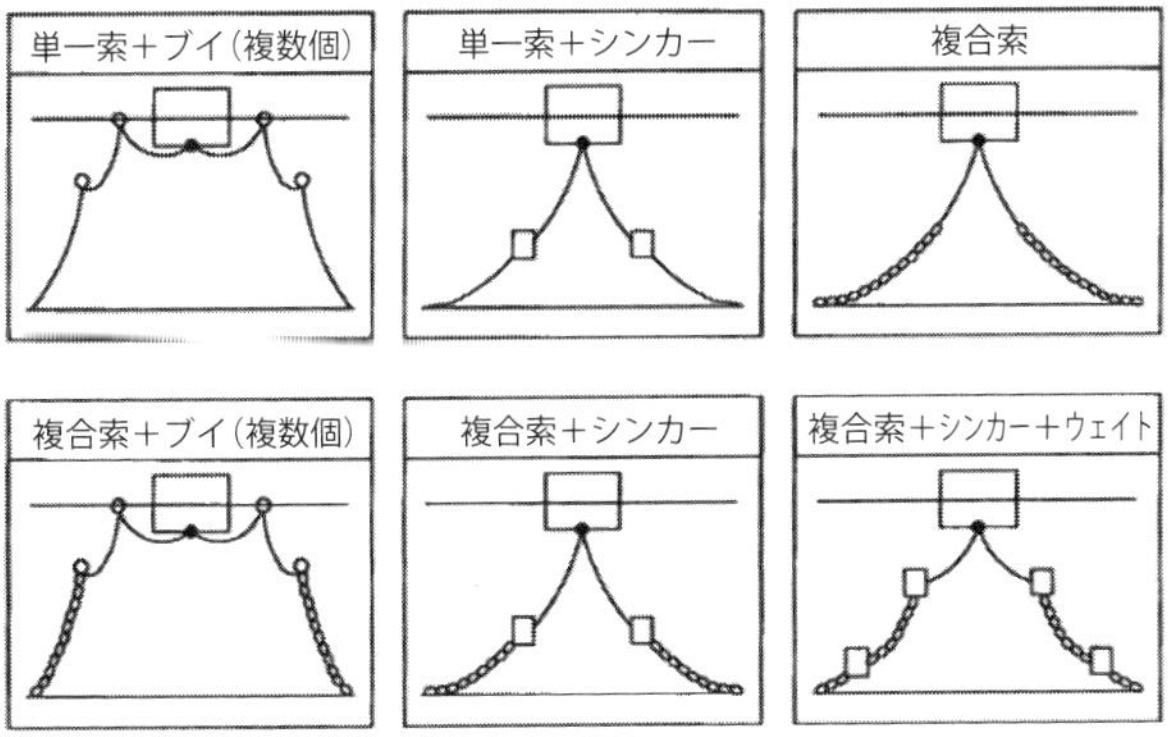

図 5.4　各種複合チェーン式係留システム

（3）桟橋への固着方式

この方式は、頑丈な桟橋を建設し、そこに浮体式構造物を鋼索等で固着する方式です。船舶を係船岸壁に係留する場合と似ていますが、潮汐作用による水面変動に追従するように固着方法には工夫があります。

（4）テンションレグ方式

この方式は、海底の複数の基礎と波が無い状態でも張力を有するように鋼製パイプで浮体式構造物を繋ぐ方式です。構造物が波や流れによる外力により所定の位置からずれると鋼管の張力が増し、また構造物は喫水位置より鋼管により僅かに水中に引き込まれます。この浮力と鋼管の張力の合成力が浮体の位置を元に戻す復元力となって位置を保持する方式で、水深の深い海域において適用されています。

5.3 メガフロートの係留方式の選定

メガフロートの係留方式について見てみると、メガフロートは、巨大な浮体式構造物のため、上部は広大な甲板となり下部も同様に膨大な面積を持つ底部となり、上部は太陽の日射を浴び、下部は海水により冷やされるため、温度分布の差による面外変形が生じます。特に夏と冬の温度差によっては平面的な伸縮が生じ、その影響は構造物の周辺部、端部に集中してきます。

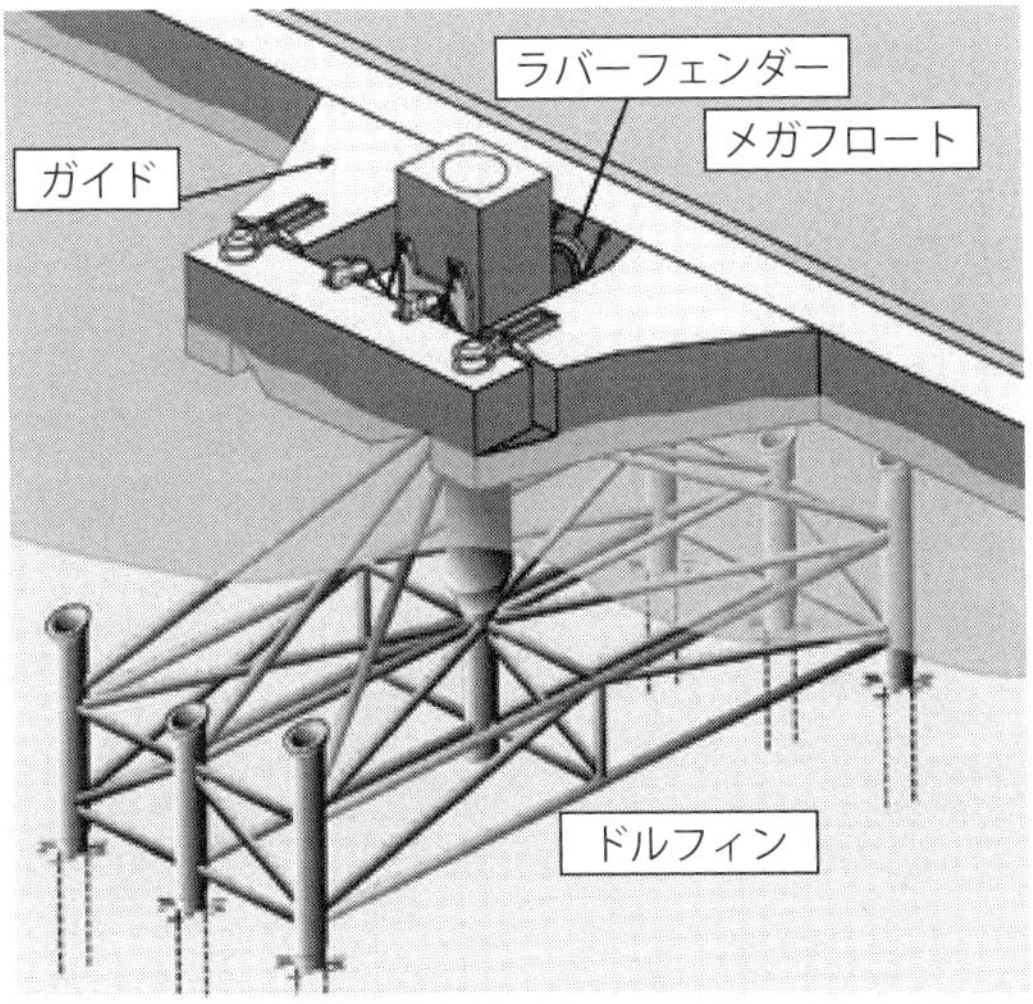

図 5.5　メガフロートのフェンダー

　また、船舶と異なり自航能力がなく、構造物の規模の大きさから容易に移動することはできません。さらに、定点に設置されるということは、荒天時の特に台風や高波のある時にも海面に曝された状態に置かれることになります。また、メガフロートに求められる用途にもよりますが、許容される水平移動は極めて小さく、特に空港としての用途の場合は移動が非常に厳しく制限されることになります。さらに、地震、津波への対応も求められてきます。こうした過酷な条件を勘案して所定の位置に安全に設置するためには、どのような係留施設が必要となるでしょうか？　少々の水平移動が許されるならば従来使われてきたチェーン・アンカー方式や北海の海底石油生産に使われている1点係留方式などがありますが、浮体式の海上空港の場合では、航空機の離発着で許容される水平移動量は極めて微小であり、従来のチェーン・アンカー方式ではこの水平移動量を微小に抑えるのは難しく、強大なジャケット構造を設置しても海には潮位変動があるため、メガフロートと係留施設との接続部分の位置は変化を抑えようとすると強大な力が必要になってきます。

そこで考案されたのが、緩衝材即ちラバーフェンダーと呼ばれるクッション材を、ドルフィンとメガフロートの間に設置し、力の分散・緩衝効果の緩和を図り水平動揺を許容範囲に収める方法でした（図5・5）。

5.4 設置海域の自然環境条件への対応（環境順応性）

（1）地震への対応

浮体式構造物は、海底の地盤とは直接繋がらないため、地震の影響は軽微です。先の阪神淡路大震災の時、神戸港近くの造船所の浮きドックに装備されていた走行クレーンは倒壊を免れましたが、同じ神戸港の岸壁上に設置されていたクレーンは倒壊してしまいました。そのことが浮体式の効果の証明と言えます。ここでメガフロートが地震の時にどの程度揺れるのかを理論的に解析した結果を紹介します。

図5・6は、地震波がジャケットやフェンダーを経由して浮体まで伝わる経路をバネ、減衰抵抗、質点（質量）で模式化したものです。これで地震も浮体の揺れも振動現象として一体化して扱うことができます。

メガフロートは多くのジャケット・ドルフィンで係留されますので、それを平面的に表したものが図5・

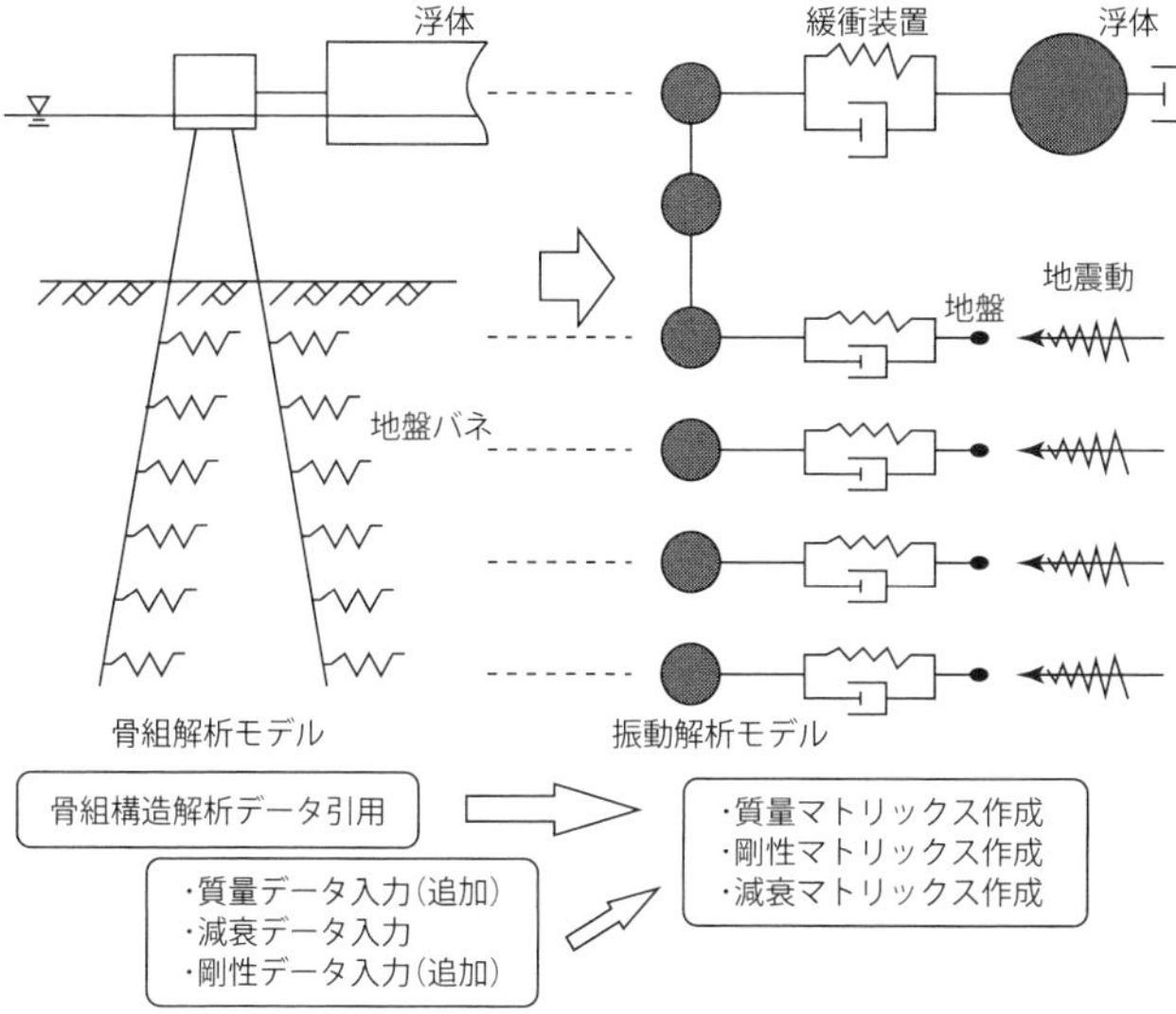

図 5.6　地震解析モデル（断面）

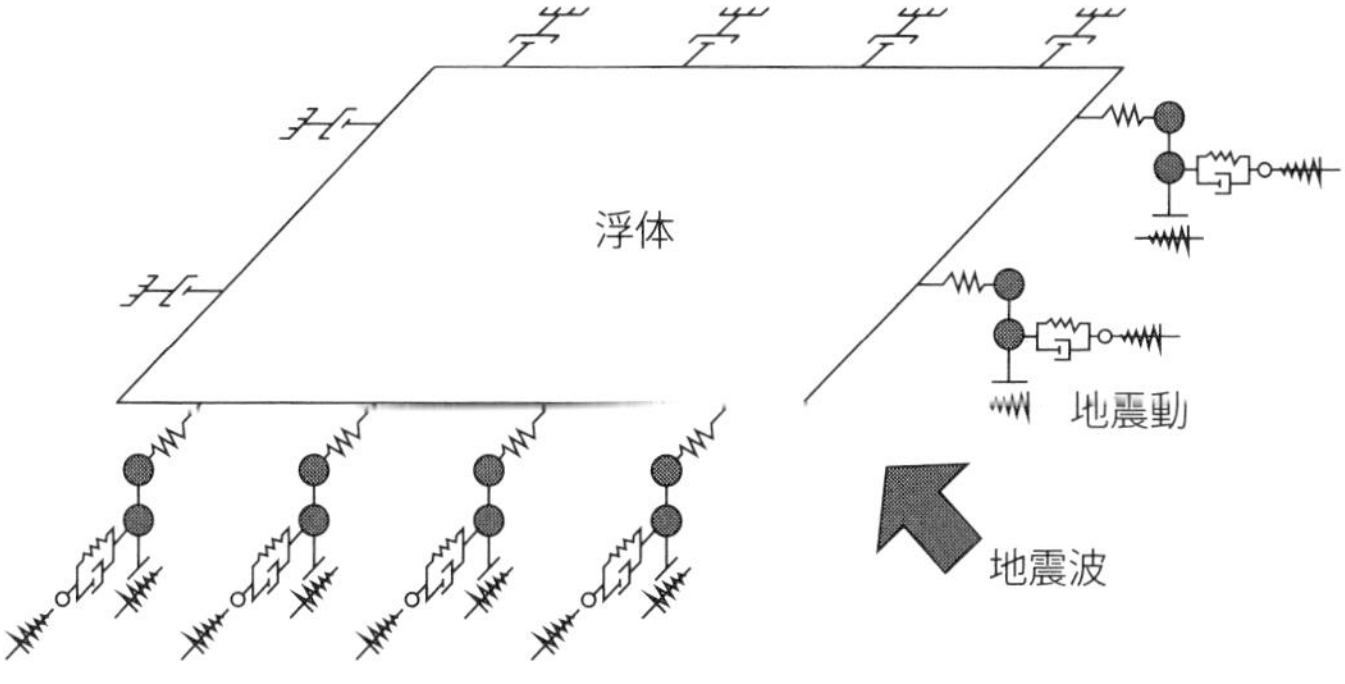

図 5.7　地震解析モデル（平面）

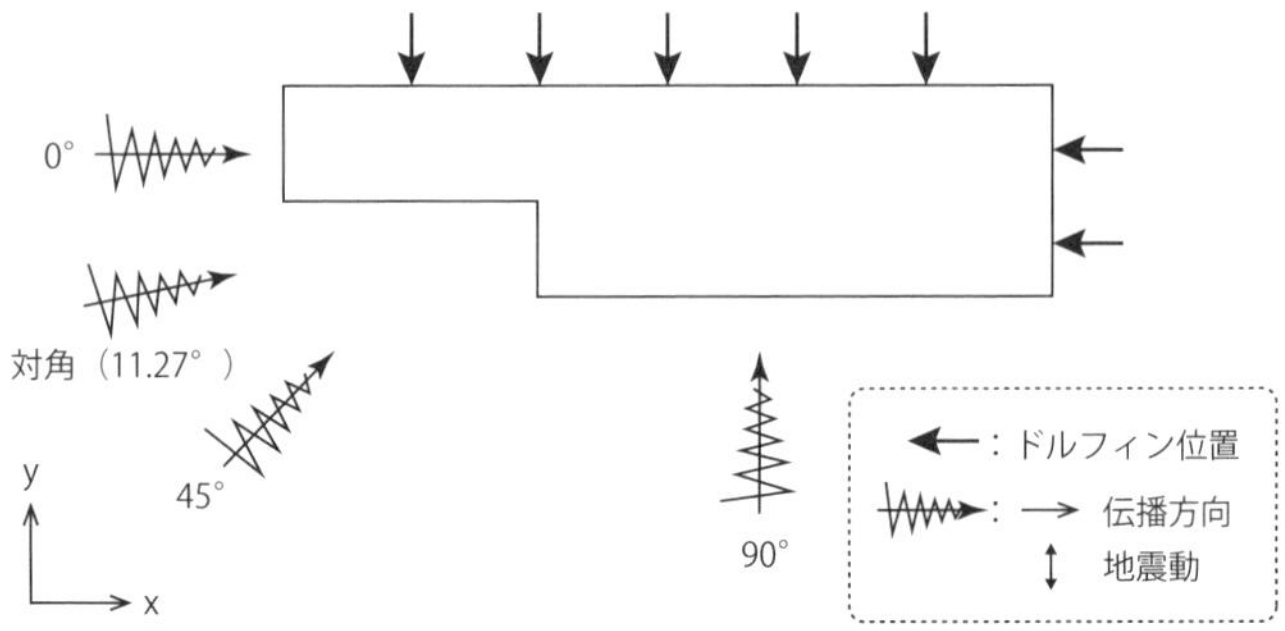

図 5.8　地震解析モデル（地震波の入力方向）

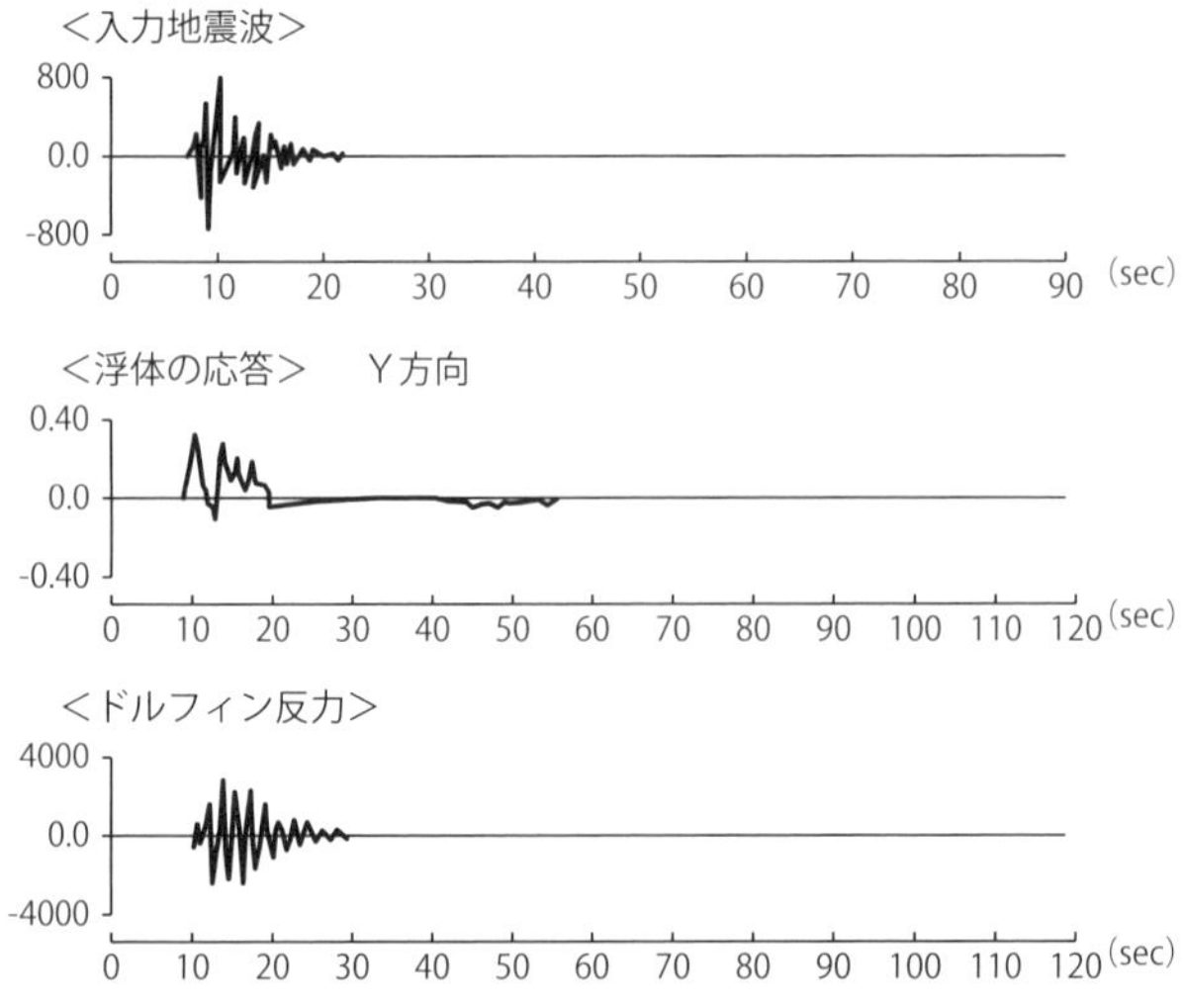

（地震による浮体とドルフィンの応答）

図 5.9　解析結果

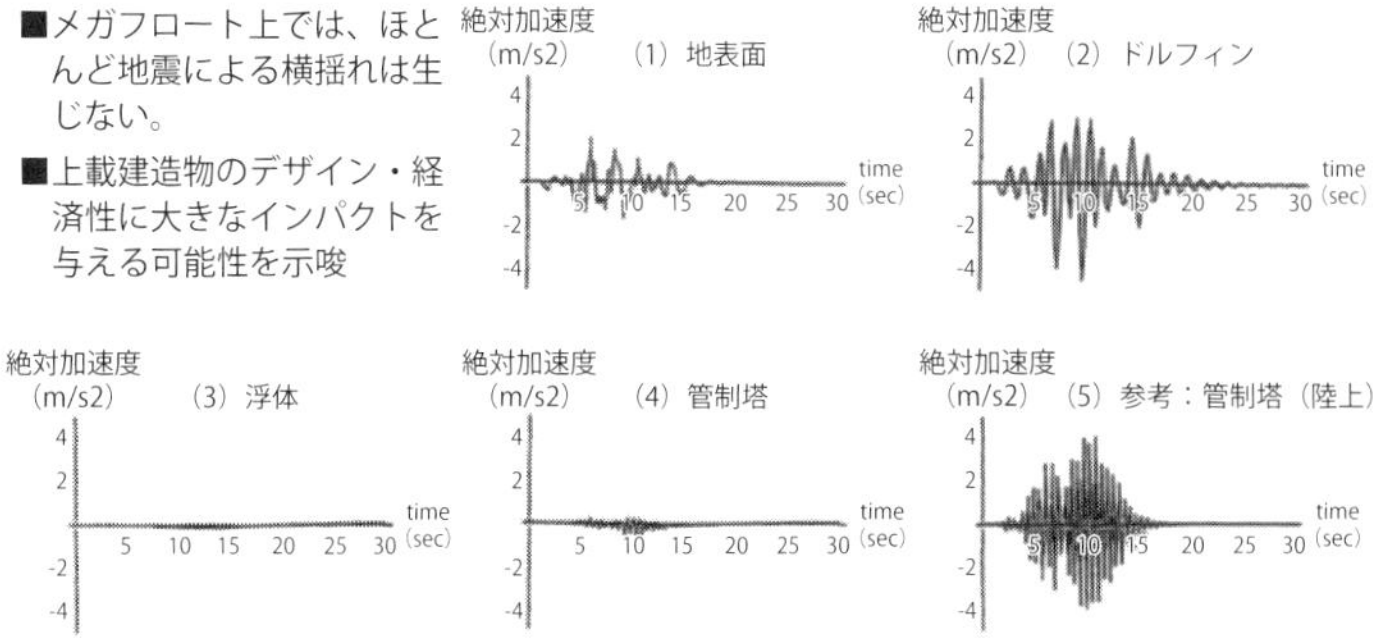

図 5.10　地震応答のまとめ

7で地震波の伝播方向の扱い方を示したものが図5・8です。このようなモデルを数式で表したシミュレーションプログラムを作成して阪神淡路大震災の地震波を入力してフェンダーの反力と浮体の応答を求めたものが図5・9です。地震波の加速度は800gal程度で非常に大きな揺れですが、浮体揺れ（振動）の加速度を見ると0・4 gal程度の小さな値になっています。この特性をまとめると図5・10のようになります。

（2）津波への対応

メガフロートの環境順応性を確認する重要項目として津波への対応があります。津波は非常に周期が長く波長も長い波です。このような波はメガフロートの上下動を誘起します。メガフロート全体の上下動はドルフィン係留の安全性に関わりますが、ジャケット・ドルフィンの高さを、上下動のストロークを吸収できる高さに設定することで津波の漂流力（表面の流れ）に耐える強度を確保することで解決が図れます。

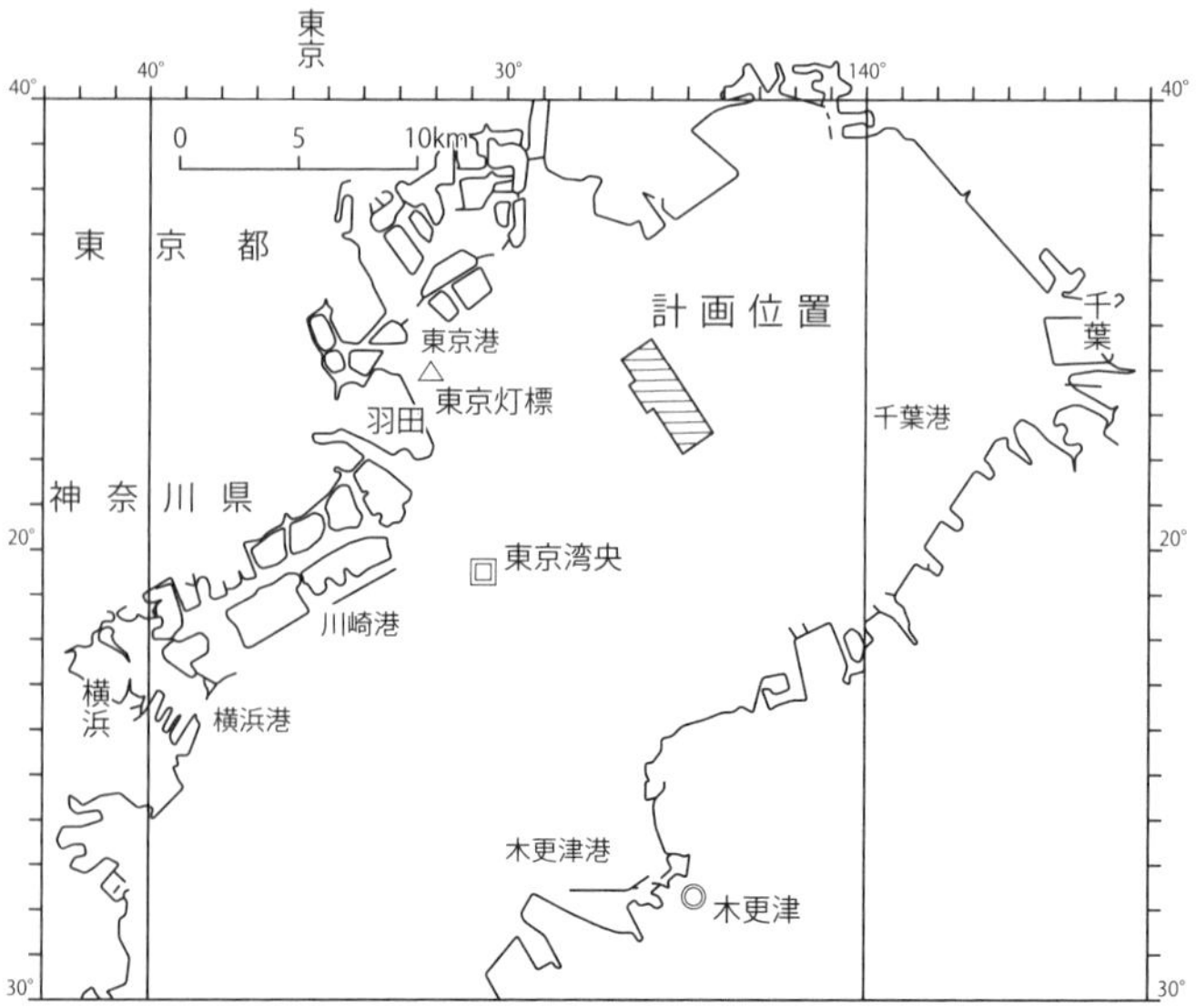

図 5.11　試設計における浮体空港モデルの東京湾内での位置

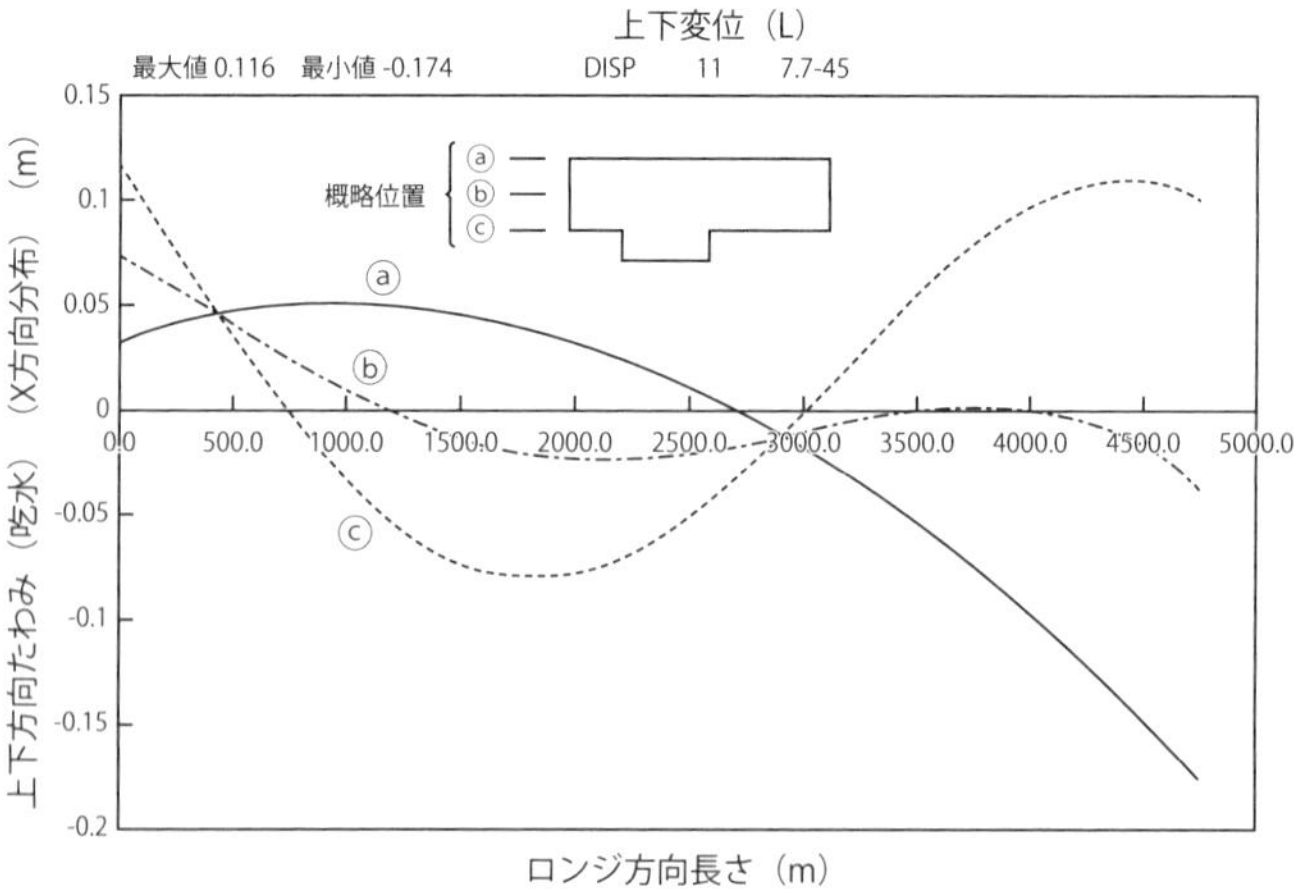

図 5.12　浮体空港試設計モデルの津波時の上下変位分布

この解析手法は、津波のように波長の極めて長い波が隆起した状態として扱われ、浮体強度解析プログラムへ連動させます。具体的な解析対象は先に紹介した東京湾奥浮体空港モデルです（図５・11）。

ここでの津波は、東京湾口で波高４・４ｍ、周期30分のものが、津波伝播計算により、水深25ｍの湾奥に設置された浮体空港に波高２・２ｍ、周期30分、浮体の長手方から20度方向で到達した孤立波の状態と設定され、取り扱われました。その結果の一例を図５・12に示します。

浮体たわみは端部でも０・２ｍ以下と小さく、応力分布も小さいので省略しました。なお、浮体の設置場所については事前に津波シミュレーション等を実施して上記のように段波が発生しない孤立波の状態の所を選ぶものとされます。

（３）大水深海域への対応

メガフロートは通常、係留にジャケット・ドルフィンタイプで対応できる水深５０ｍ以下の海域への設置が望ましいですが、例えば水深１００ｍ程度の海域にも設置が可能です。

その場合の係留は、浮体式石油生産設備と同じように、カテナリー・チェーン方式を採用します。但し水深１００ｍ程度になるとかなり沖合になるので、その用途は限定されるかまたは、新しい特殊な用途になると思われます。また許容される最大波高は６ｍ程度と限定されますが、世界にはそのような海域（例えば貿易風帯等）が多くあることも知っておく必要があります。

第6章 メガフロートのつくり方

6.1 メガフロートの建造方法

メガフロートの構造は図6・1のような、板骨構造となっています。基本的には鋼板に型材（スチフナーというアングル材やI型材等）を溶接により固着して大きな面材を作り、それらを立体的に組み合わせてブロックと呼ばれる単位を作りそのブロックを複数組み合わせてユニットと呼ばれる大きな箱型構造を作ります。ブロックまでは工場内で作りますが、ユニットは屋外の船台または建造所のドックで完成させます（図6・2）。ユニットの大きさは各工場で異なりますが、大体長さ100m、幅30m程度で、船体の建

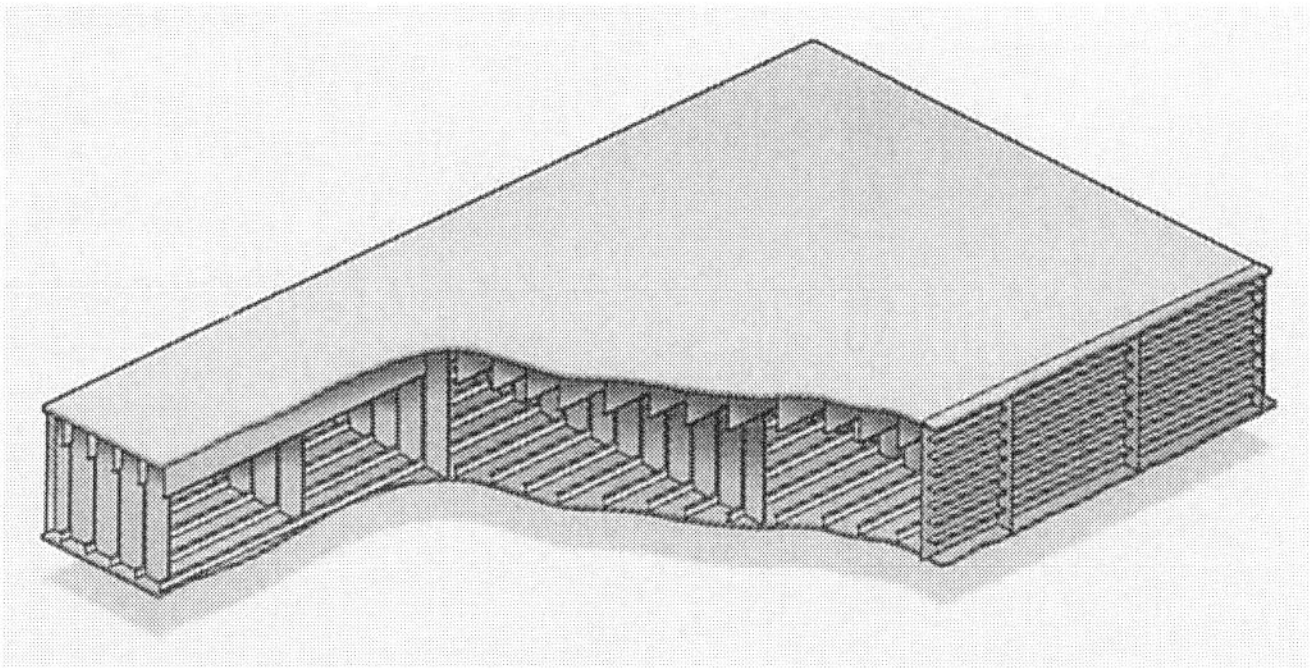

図 6.1　メガフロートの構造

図 6.2　ユニットのドック内での係留状態

造方法と同じです。

ドックで建造できないサイズの超大型浮体はユニットを造船所で建造した後に、海上に曳航し、海上で溶接などによって接合されることになります。メガフロートも6つのユニットが別々に建造されて海上で全体が接合されました。海上での接合作業は容易ではありませんが、接合を繰り返すことで巨大な構造物に仕上げることが可能です。メガフロートの場合は浮体の全高が低い分、作業は比較的容易でした。容易といっても新たな技術への挑戦を伴って成し遂げられました。全高が低ければ技術的には平面的にさらに大きく拡げていくことは可能になります。

今後の研究課題は、その平面的に巨大な構造物が構造的に安全性を確保できるか否かとなることや、係留して留めることが可能か否かということになります。

6.2 メガフロートの施工法（洋上接合）

メガフロートの大きさは長さ1000m、幅60m程の規模になるため、地上で組立完成させることは難しくなります。そこで海上でユニットを集合させて順番に接合させて完成させることになります。それを洋上接合と呼んでいますが、まだ世界で実用化されていないため、多くの課題を解決せねばならない「壁」の1つでした（図6・3）。

図 6.3　タグボート（曳船）による接合作業

（１）引き寄せ・固着

引き寄せ固着と呼ばれる作業が、次のステップで行われました。

① １次引き寄せ：新設ユニットを最終位置から既存ユニットの数10㎝以内まで引き寄せる。

② ２次引き寄せ：２つの浮体を接触させ、所定の位置に設置する。

③ 固着：接合部分を溶接するため、浮体間の相互動揺を抑制する。

上記の作業は中断すると種々の危険が生じるので平穏な天候（波高が０・５ｍ以内）が12時間以上続く日を選定して決行せねばなりませんでした。

（２）接合部分の溶接方法

接合部分の下部は水中にあるため、溶接は簡単にはできません。選択肢としては水中での溶接作業か、ま

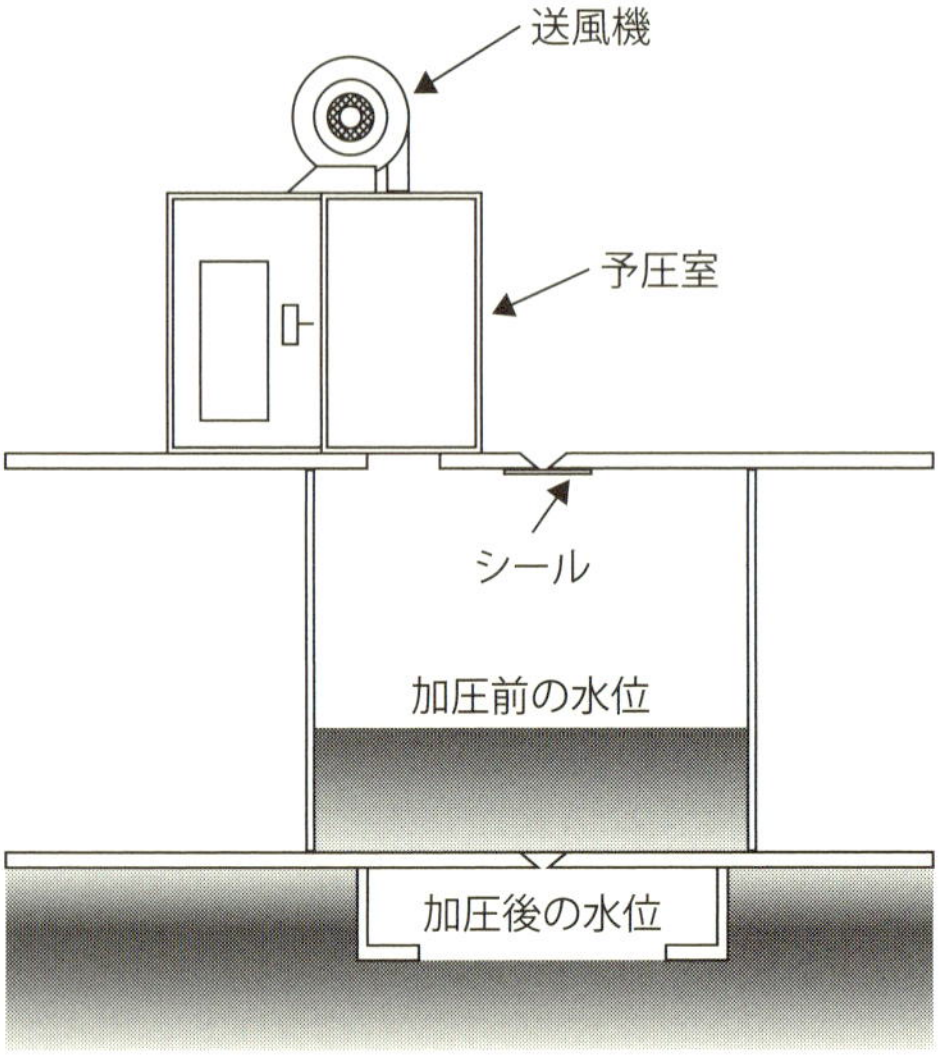

図 6.4　圧気排水法

たは下部から海水を除去して空気中で溶接する方法です。水中溶接は海底油田の補修工事などで既に採用されていますがダイバーが行うために作業効率が悪いため、最終的には海水を除去して空気中で行う溶接法が採用されました。これは、結合するユニットの溶接部から海水を抜き取り溶接することになりますが、この時海水を直接ポンプ等で排水するのでなく、接合部分の空間へ送風機で空気を圧入してその圧力で海水をユニットの底から排出します（図6・4）。僅かな圧力差で海水は自然に排出されます。その後、接合部分を乾燥状態にします。勿論溶接する前には付着した塩分を除去するため真水で洗浄します。海水排出後には接合部の下に防水治具をセットして溶接準備が終了します。後は自動溶接機を設置して溶接を行います。手順は

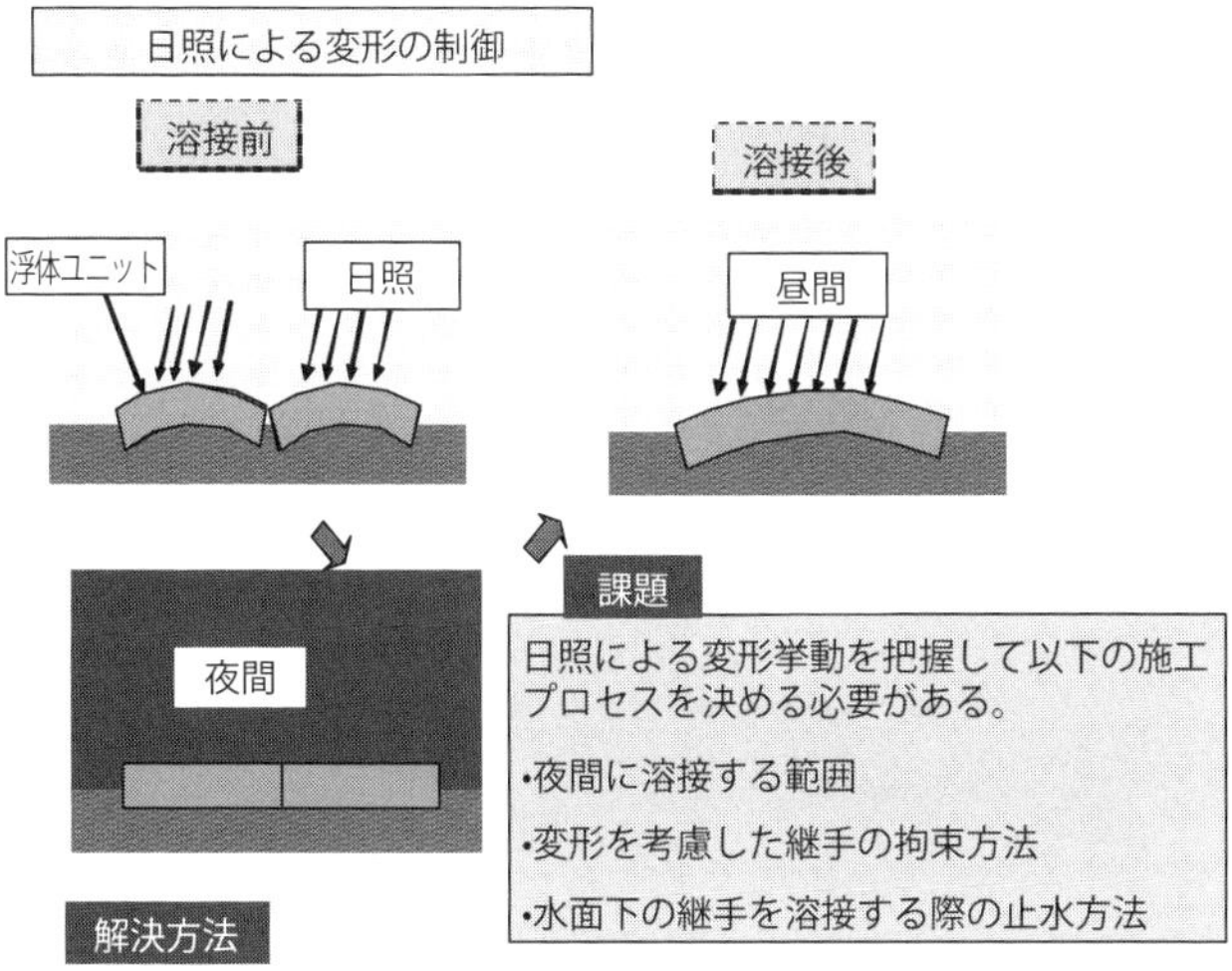

図 6.5　日照による変形の制御

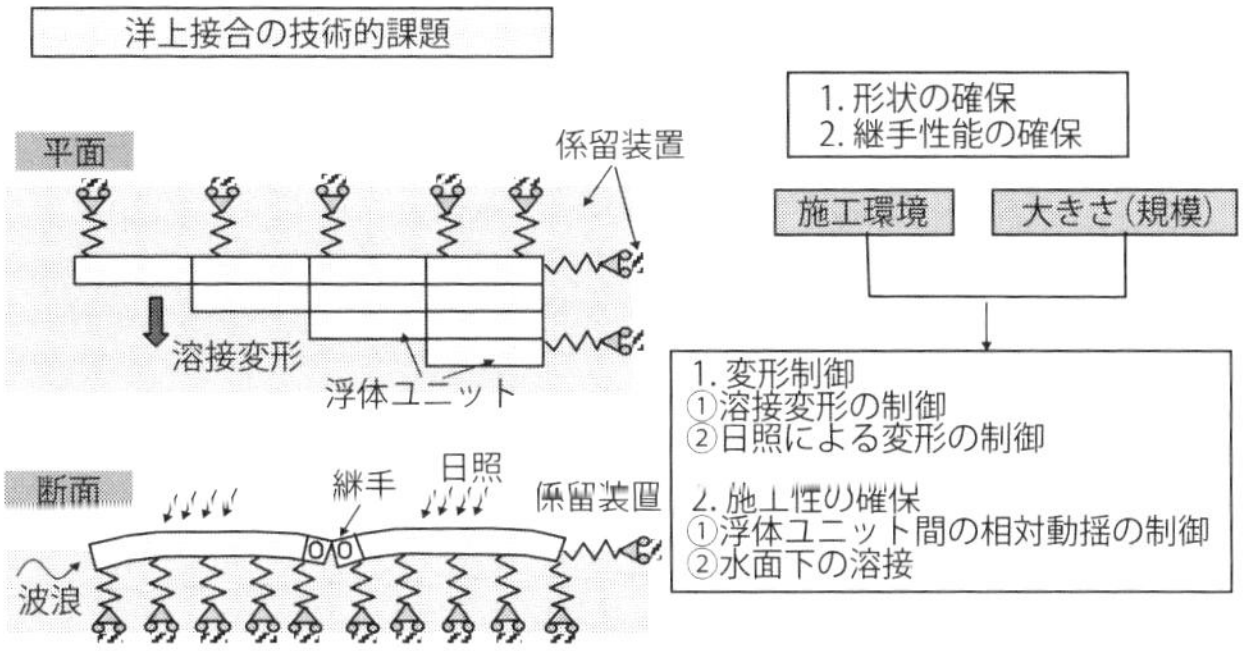

図 6.6　洋上接合の難しさ

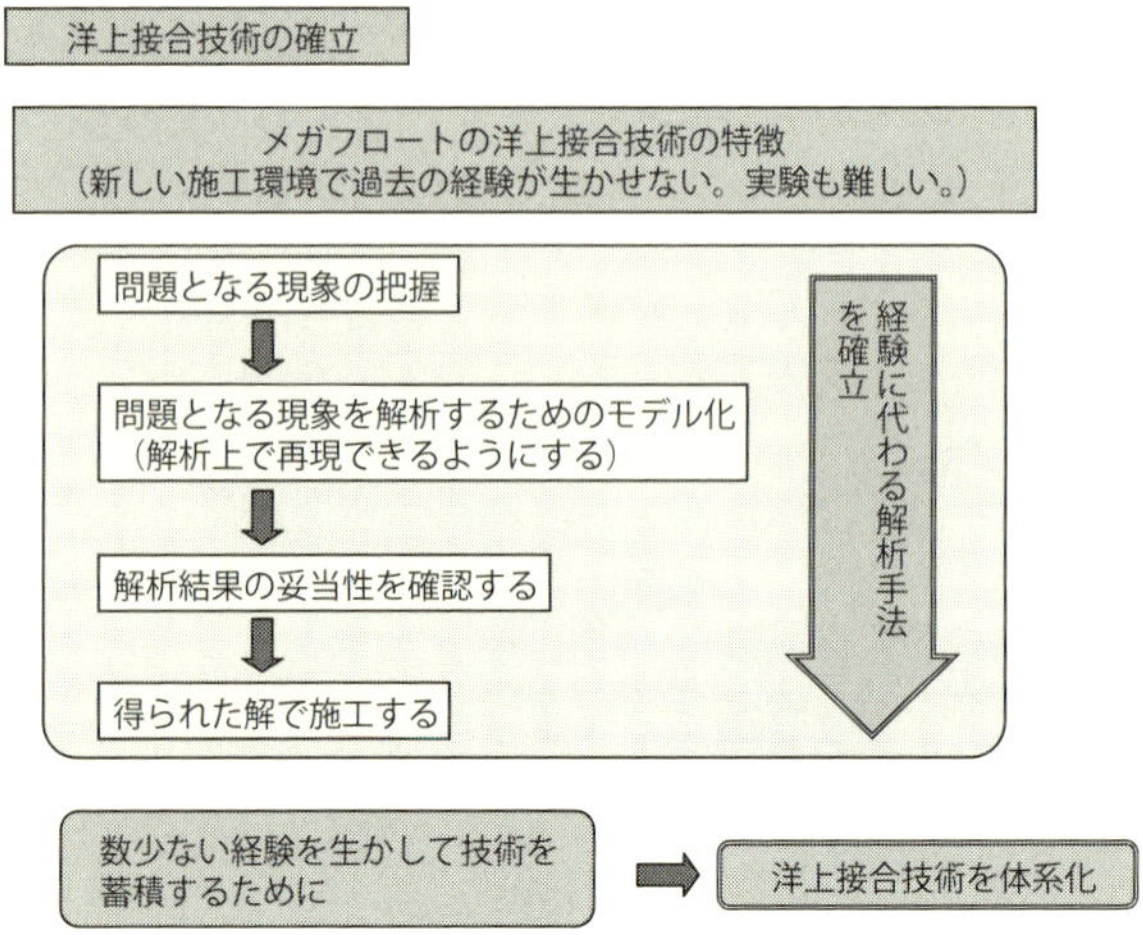

図 6.7　洋上接合技術の確立

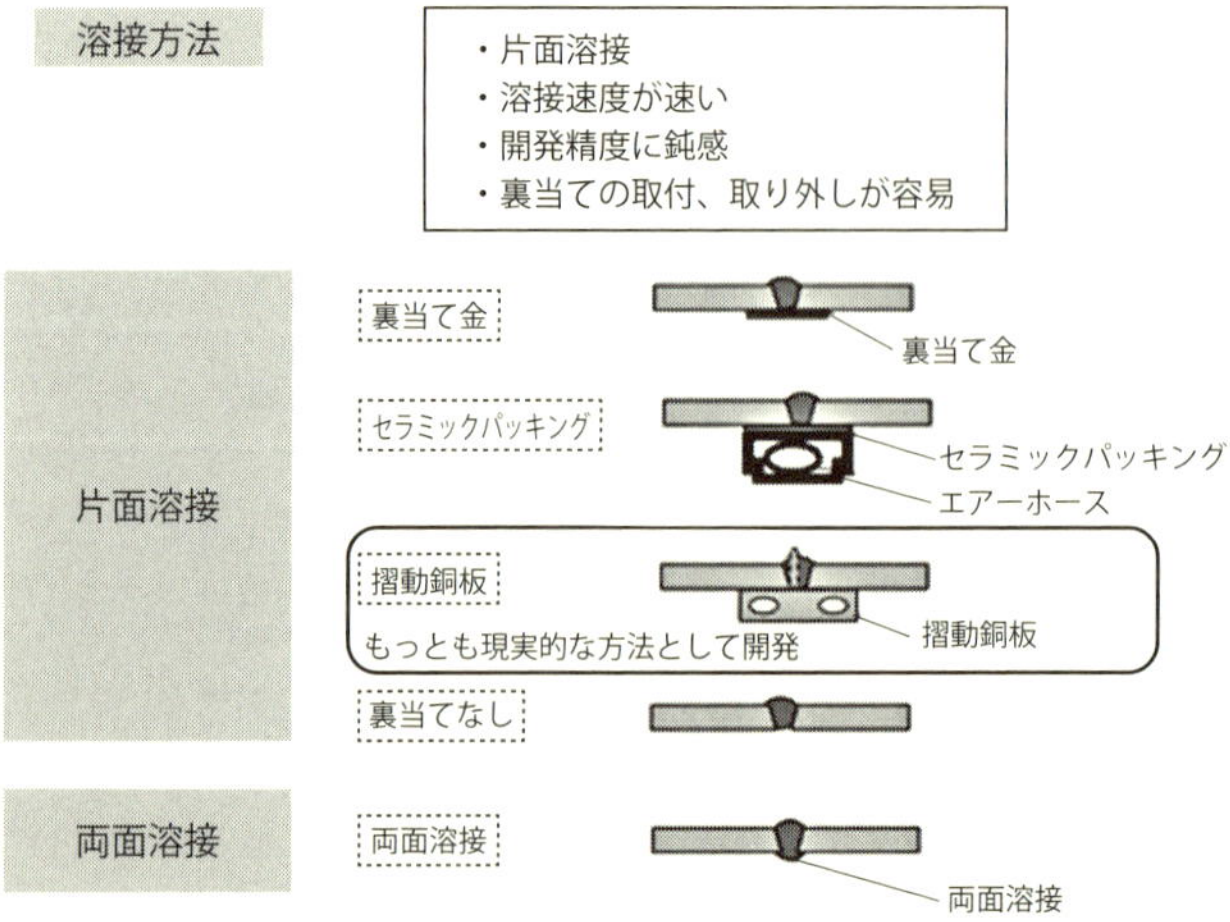

図 6.8　開発された溶接方法

以上ですが、実は溶接ができる状態にするのはかなりの準備が必要になります。即ち接合はユニット同士の部材を溶接で繋ぐ作業のため、部材同士の芯がある基準内に一致している必要があります。このため両ユニットの形状が全く一致していないと、接合部材同士に空隙ができて溶接することができません。ここに洋上接合の難しさがあります。実際は現場で様々な工夫が施されて溶接のできる状態が保たれています。例えば、ユニットの上面は常に太陽光線を受けているために僅かに膨張します。そのためユニットの形状は上が延びて弓なりに変形し、接合部分が離れる状態になります。それらを図6・5～6・8で示します。

第7章

「メディフロート」プロジェクト

　メガフロートの持つ優れた性能を応用することにより、浮かび、移動できる医療支援施設がつくりだせるならば、自然災害により被害を受けた地域や場所にタグボートなどで緊急曳航し、被災地における多くの傷病者を救命することが可能となり、そうした構想を描き出しました。この構想を「メディフロート（Medical-Float：医療浮体の略称）プロジェクト」と呼び、阪神淡路大震災や東日本大震災による教訓を生かすことで、海側から陸上の被災地での医療活動を支援するもので、医療活動の最前線で医療拠点を形成する機能を有するものです。日本全国には自然災害などに備えて防災拠点病院が各地に配備されてきているため、災害時には当該地域となったり、被災地の近傍になる場合が想定されますが、そのような事態が起きると、防災病院には傷病者が殺到することで、病院機能のマヒが懸念されます。こうした事態に対して、本構想では防災拠点病院など医療機関の持つ医療機能を補完することで医療活動の円滑化を図る役割を担うものとしますが、離島や無医村、医療機能の無い場所や同じような自然災害の脅威に曝される環境条件に置かれている沿岸部に位置する発展途上国などにおいても活動できることを想定しています。

こうした災害時の医療活動については、従来まで国を中心にして病院船の建造が議論検討されたり、民間船舶を活用することなどが検討されてきていますが、ここでの構想概念は、病院船であるが故に困難となる問題や平常時の活用や運営上の問題など船舶における問題や課題を、浮体式構造物の活用により解決を図り、浮体式構造物であるが故の多くの利点を積極的に利用しようとするものです。

7.1 災害時のための病院船の現状

海を利用した災害時の支援活動は１９９５年1月17日に発生した阪神淡路大震災において実施されました。この時は震災により既存の道路や鉄道などの主要な交通輸送体系が寸断崩壊することで、陸路を利用した緊急支援物資の輸送が困難となり、代替措置として瀬戸内海沿岸の各地にある港湾や漁港から小型船や漁船などを利用することで、海上からの物資輸送がなされたり、宿泊、入浴、炊き出しなど生活支援には約30隻の船舶が利用されました。こうした取り組みにより陸路が寸断した場合の代替補給路として、海路の有用性が認識されるようになりました。また、観光船やフェリーなど日頃は客船として利用されてきている内航船が、船内に備えつけられた設備を用いることで、休憩所の提供や食事や入浴の場の提供を図ると共に緊急救援の人員・物資輸送などでも活躍しました。

２０１１年3月11日に発生した東日本大震災においても、沿岸部の交通輸送体系は道路網、鉄道網が全て崩壊し、海岸沿いを通過する道路網や街中を通過する道路は津波による甚大な被害を受けると共に家屋倒壊などによる瓦礫が、通行遮断などの二次的被害を引き起こし交通体系は機能マヒに陥りました。また、沿岸部の被災地域に立地していた医療機関では約8割が津波により全壊または半壊の被害を受け機能不全に陥りました。その中で津波被害を免れた医療機関では負傷者の集中や搬送上の道路問題などにより、治療対応が難航するなど負傷者に対する対応は困難を強いられました。

そうした中で、海からの支援は被災から3日目以降に自衛隊により車両の輸送が行われ、4日目以降に緊急物資の海上輸送が行われました。他方、港湾は被災により船舶の入港が可能になるまでに約1週間を要しました。被災10日目に航海訓練所練習船「銀河丸」「海王丸」が各々被災地の港に着岸し、1ヶ月後に外航客船「ふじ丸」が入港、それぞれ健康維持支援として入浴や食事、娯楽の場の提供活動を行いました。これら以外にも内航船、カーフェリーなど大小の船舶が海からの支援活動を行いました。

一方、日本は災害時の医療支援を担う病院船を保有していませんが、諸外国では戦時下における傷病者の医療行為を想定した病院船が軍により運用されており、米国では世界最大規模を誇る「マーシー」「コンフォート」（共に排水量6万9０００トン）の2隻が運用され、中国では２００８年「平和の船」

（1万4000トン）の運用が開始された他、貨物船にコンテナ型医療モジュールを搭載することで迅速に病院船として利用できるシステムがつくられています。イギリスとフランスでは医療機能を持つ軍艦（2万8480トンや1万1900トン）が運用されている他、イギリスの民間慈善財団マーシー・シップスが「アフリカン・マーシー」（1万6500トン）を運用しています。スペインでは遠洋漁業の従事者の事故に際して応急手当を目的とした病院船があります。また、ドイツ、オーストラリア、ロシアなども病院船を保有しており、ブラジル、ペルーでは河川用の病院船があります。

日本では、海外のように戦時下を想定した病院船はありませんが、かつて第二次大戦中、氷川丸（横浜港山下埠頭に係留）が海軍特設病院船として活動していました。民間の病院船については、唯一、瀬戸内海で「医療法人 済生会」が運用する巡回診療船「済生丸（166トン）」が離島の住民の定期検診を目的として就航しています。瀬戸内海4県が均等に費用負担し、各県の離島を巡回診療するもので船内には処置室、諸検査室、レントゲン室が備えられています。無医村の離島とともに、小豆島のような病院のある島でも病院から離れた地区へ寄港し、香川県の場合、県内に離島が多く存在するため、病院船が運用されていますが、巡回寄港が年一回の島もあります。病院船は、患者の医療搬送という観点では医療機器使用の制限が少なく、静止（係留・停泊）時や運行時も騒音・振動が比較的微少で患者への負担が少なく多数の患者を一度に搬送できる点で優位性が高いとされています（図7・1）。

こうしたことから、自然災害による一時的に大量の傷病者が発生する事態に備えた「災害時多目的船」

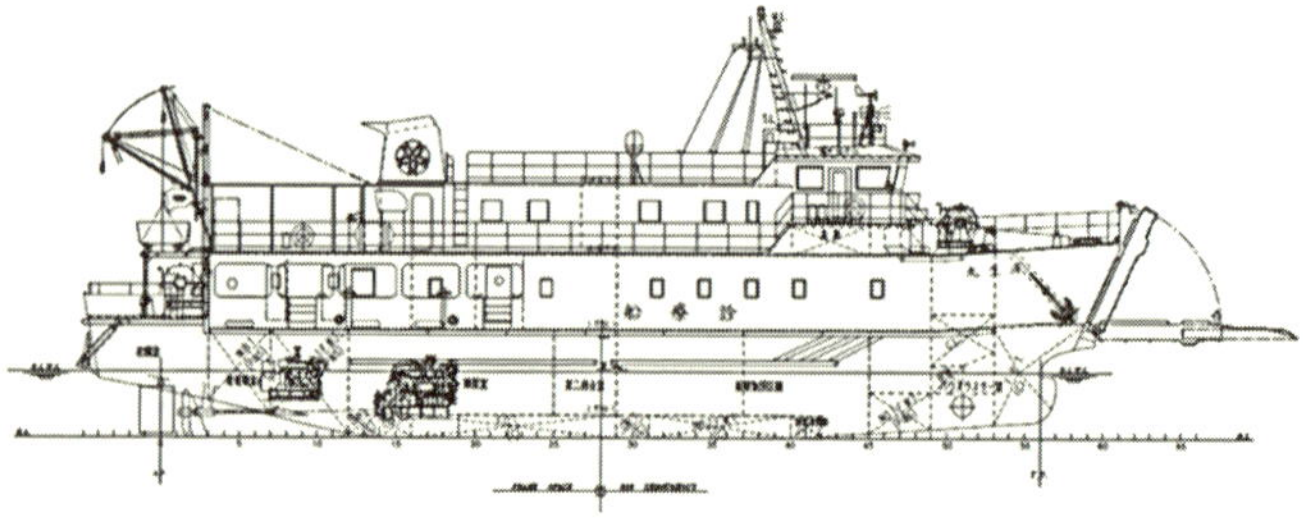

図 7.1　済生丸　立面図

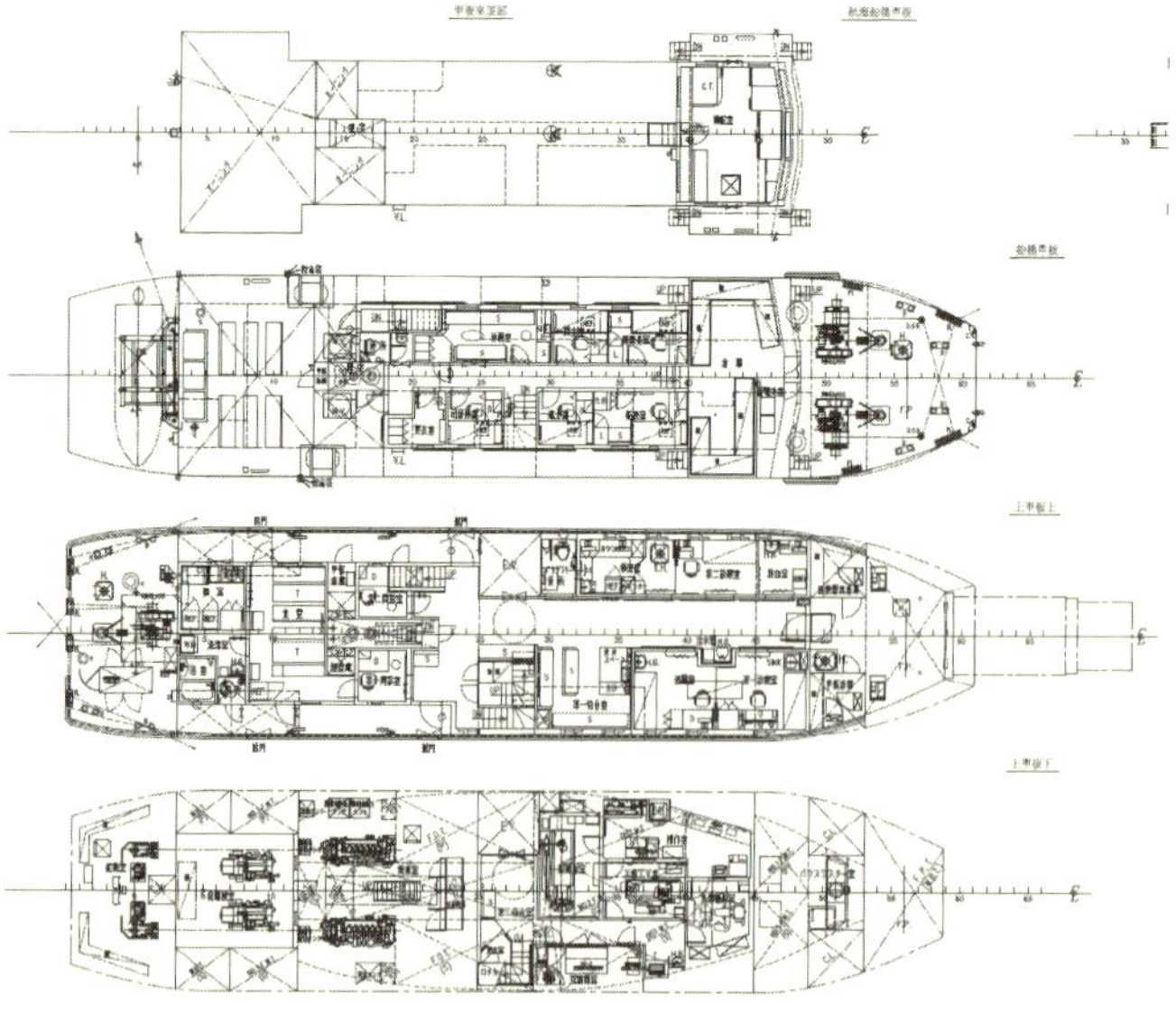

図 7.2　済生丸　平面図

の検討が進められています。これは、災害時の物資輸送や医療支援などの機能を備えた船舶で、１９９０年の中東湾岸危機を契機にその検討がはじめられ、その後１９９５年1月の阪神淡路大震災を経験することで必要性に対する認識が深まりました。そして、２０１１年3月11日の東日本大震災を教訓にして改めて検討されるようになりました。

7.2　浮体式構造物の活用動向

災害時の海からの支援については船舶以外が活用された事例をいくつか見ることができます。

火山噴火という自然災害が１９８６年に伊豆大島三原山で起き、この時、島民1万人が避難を要される状況に置かれ、大型客船や周辺離島の漁船など、多くの船舶に加えバージが大島島民の脱出避難に使われました。また、１９９５年の阪神淡路大震災では、震災後に当時、赤穂市坂越港に係留されていた浮体式の宿泊施設「ホテルシップ・シンフォニー」が神戸港に曳航され、港内の岸壁に係留後、救護救難関係者の宿泊、医療関係者、復旧作業部隊、ボランティアなどの活動拠点となった他、被災者に対しては風呂の提供などを主体とした健康維持活動が行われた。このホテルシップ・シンフォニーは、明石海峡大橋建設時に使われたバージをホテルに改造した係留船舶であった。また、この阪神淡路大震災発生後、メガフロートを転用した小規模な浮体式防災基地が国土交通省により全国5ケ所に配備されてきました。この基地は甲板上にヘリポートと桟橋機能が搭載され、浮体内は備蓄庫として活用されています。東日本大震災では震災後に、室蘭港に設置されていた防災基地は、緊急物資や燃料油を輸送し、清水港で海釣り施設として利用されていたものは横浜で補強整備の後、それぞれ相馬港と福島原発に曳航され応急的な桟橋や原発から出された汚染水の一時保管場所として利用されました（図7・3）。

7.3 メディフロート構想（浮体式災害時医療支援システム）

（1）浮体式医療施設の考え方

本構想は、これまでに経験してきた自然災害における傷病者救済を念頭におきつつ、今後想定される首都直下地震や南海トラフ地震による津波被害を想定することで、医療機関の被災による負傷者救済機能の停止に対する医療支援活動を海側から行うための活動拠点の形成をメディフロートにより行うことを意図したものです。

従来、船舶を用いた医療支援が検討されてきていますが、船舶による

図7.3　ホテルシップ　シンフォニー

陸上の医療機関の補完的な役割は、移動性や船舶が具備する機能や装備を活用できる利点がある反面、港湾施設の損壊による港湾内への進入不可や岸壁着岸が困難な場合及び、船体規模による乾舷高による傷病患者の搬送が難しい状況なども想定されます。また、通常の管理や運営経費及び乗員に関する規制も多くあります。

そこで、本メディフロート構想では、こうした船舶に伴う課題や問題を克服すると共に、運用上に伴う管理や運営面での問題に対処する方策を検討するものです。浮体式構造物は、法的には船舶ではないため、船員法の規制を免れることができます。また、喫水高も浅いため、海底に瓦礫が堆積している状況でも比較的容易に港湾内部に進入でき岸壁に近づくことも可能で、着岸した場合も乾舷が低いので、傷病者のアクセスも容易にできます。さらに、耐震性（浮いているため地震の影響を受けない）、移動性（浮いているため移動が自由）に優れ、浮体の内部空間も利用可能などの利点があります。

また、被災地における医療活動から見えてきた問題としては、医療機器不足や生活習慣病や慢性疾患の患者が多いこと、身体活動低下への対応及び高齢者の要介護度の上昇への対応並びに支援活動用燃料の不足、医薬品の未配送対応、情報の混乱などへの対策、さらに加えて、傷病者が病院・診療所など医療機関や災害拠点病院へ集中することによる治療対応の難しさがある他、被災地における生活を取り巻く問題としては食料と飲料水の確保、基本的な環境衛生の維持、感染症の防疫、プライマリケアへの対応、医薬品の供給なども あり、こうした数多くの問題への対応を図ることが要求されます。

メディフロート構想の主要な目的は、被災地における防災拠点病院の補完役を果たすと共に活動拠点として機能することですが、ここで受けいれる患者は災害による疾病に伴う慢性疾患と急性疾患となるため、発災後72時間以内に被災地へ移動できる機動性を持ち、傷病患者に対応可能な医療機器を備えることで被災地近傍にある防災拠点病院の機能を補完し、医療活動の円滑化を支援する働きを担うものとします。そこで、重症患者や急性疾患患者は円滑に域外搬送が図れるようにＳＣＵ（Staging Care Unit：広域搬送拠点臨時医療施設）を備えたヘリポートを複数備えるものとします。さらに、多くの傷病者を患者の状態に応じて診療できるように内部に医療機器、病室などを備えます。加えて、陸上においても仮設型の医療施設により継続的に傷病者の治療が図れると共にプライマリケアへの対応が図れるようにします。そのための移動型医療システムを備え、多様な医療機能から構成されるコンテナ型医療モジュールを搭載できる機能を備え、被災地の状況に対応した医療活動の支援が図れるようにします。そのためのメディフロートは、

・平常時はシンボル的役割（その存在が精神的な安心感をもたらす）を果たす。
・自然災害時以外の緊急事態にも利用できる。（隔離施設的利用）
・自己完結型のクローズドエコシステムによる設備系統を備える。

また、メディフロートは通常は耐震岸壁などの外郭施設により静穏度の保たれた水域に係留され、万一の地震や津波来襲時でも海面の免震性を活かすと共に水位上昇を浮体構造物のため回避でき、施設本体の安全性が維持されます。また、災害拠点病院の補完施設として機能することを主目的とするため、管理運

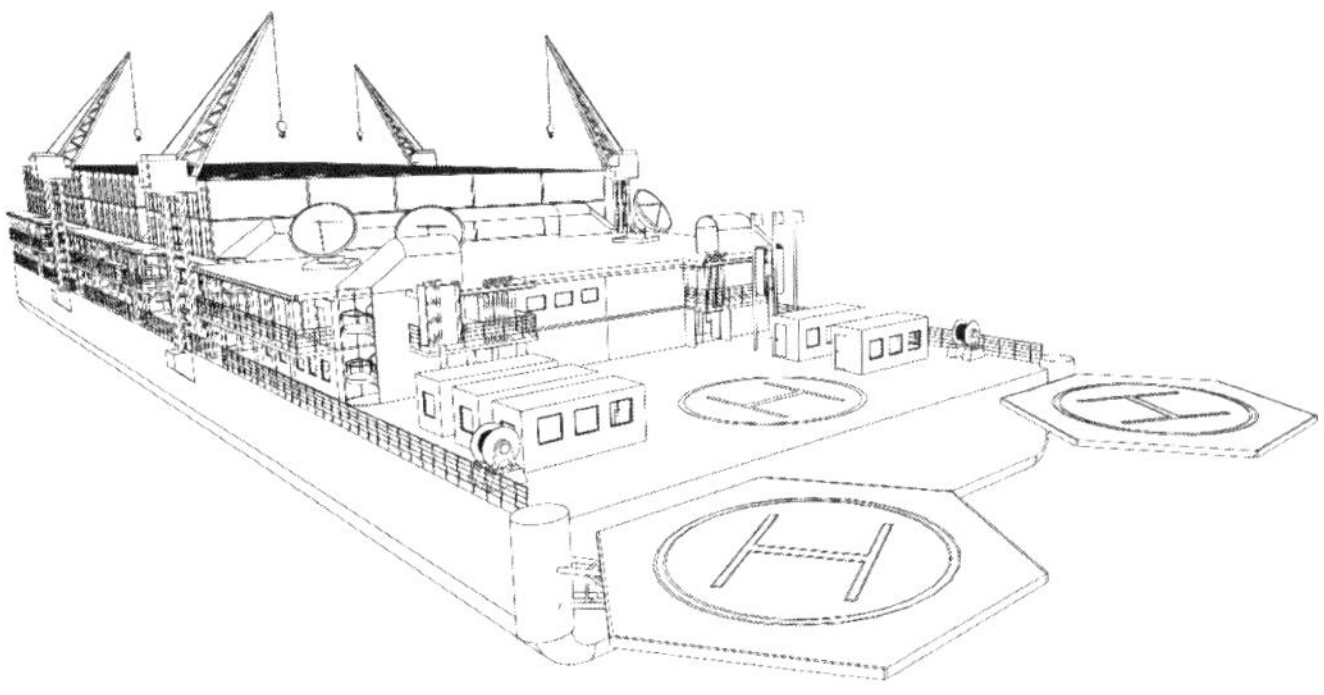

図 7.4　メディフロート概念図

営は特定のＤＭＡＴが担います。さらに、通常は災害拠点病院の日常的医療活動の中の一施設として位置づけると共に、慢性疾患（透析患者）の治療や健康診断等及び勤務する医師・看護婦やＤＭＡＴの訓練等にも活用するものとします。加えて、本施設は被災地へ向けた救援出動にも対応可能なものとします。この場合はタグボートによる曳航となります。被災地では本施設を用いた医療支援活動と移動型医療システムを構成するコンテナ型医療モジュールを用いて医療支援活動を展開します（図７・４）。

（２）浮体式医療施設の基本計画

1）運営管理：メディフロートは、災害拠点病院の本来の治療（重篤救急患者の救命医療）が円滑に機能するように補完的役割を果たします。ＤＭＡＴ等によるトリアージで、カテゴリーⅡ（待機的治療群）と判定された患者を中心に処置することで、災害拠点病院で対応すべきカテゴリーⅠ（最優先治療群）に相当する患者の救命医療が円滑に機能するよう補完的役割を果たします。但し、カテゴリーIに相当する重症熱傷（爆傷）及び Crush Syndrome 患者発生が多数の場合、対応できるように医療機器及び感染症に対応した機器を備え治療対応にもあたります。また、災害時には関連する医療チームを受け入れ、平常時には定期的な救急訓練を実施し、拠点病院が持つヘリコプターの運用による本施設との連携を図るものとします。

2）施設機能：発災時の傷病者受け入れ対応は、メディフロート内部に50床程度の病室、ＩＣＵ、手術室、バイオクリーン感染症処置室（災害時が夏季の場合、衛生状態が悪化すると伝染病など感染症が広がる恐れがある）、処置室、休憩室、シャワー便所、風呂、調剤室、スタッフ宿泊室を設けます。また、被災状況に応じてコンテナ型医療モジュールを２００基程度搭載可能とし、被災現場に移動後、陸域に仮設型医療施設を設営し、医療活動を展開します。さらに、衛星回線、ヘリポート2基を備えると共に、既存のコンテナ船をサプライ船として活用することで、陸域の医療施設を臨機応変に拡充し医療活動を展開するものとします。エネルギー系統は、自律型施設として自然再生可能エネルギーや自家発電装置を設置し、海水淡水化装置により真水の増水供給を図ります。

3）規模構成：ポンツーン型の浮函は全長１００ｍ、全幅33ｍ、甲板上にコンテナ寸法を基本モジュールにして諸室を配置し各種機能用途を設ける。また、ストレッチャーが容易に搬入・送できる出入り口を4ヶ所設けると共に、諸室の空間構成は二層とし、1層目が処置室、手術室等、2層目が病室、休憩室、スタッフ専用の宿泊室等、３層目がコンテナ型医療モジュール搭載スペースとしてクレーン4基を備えま

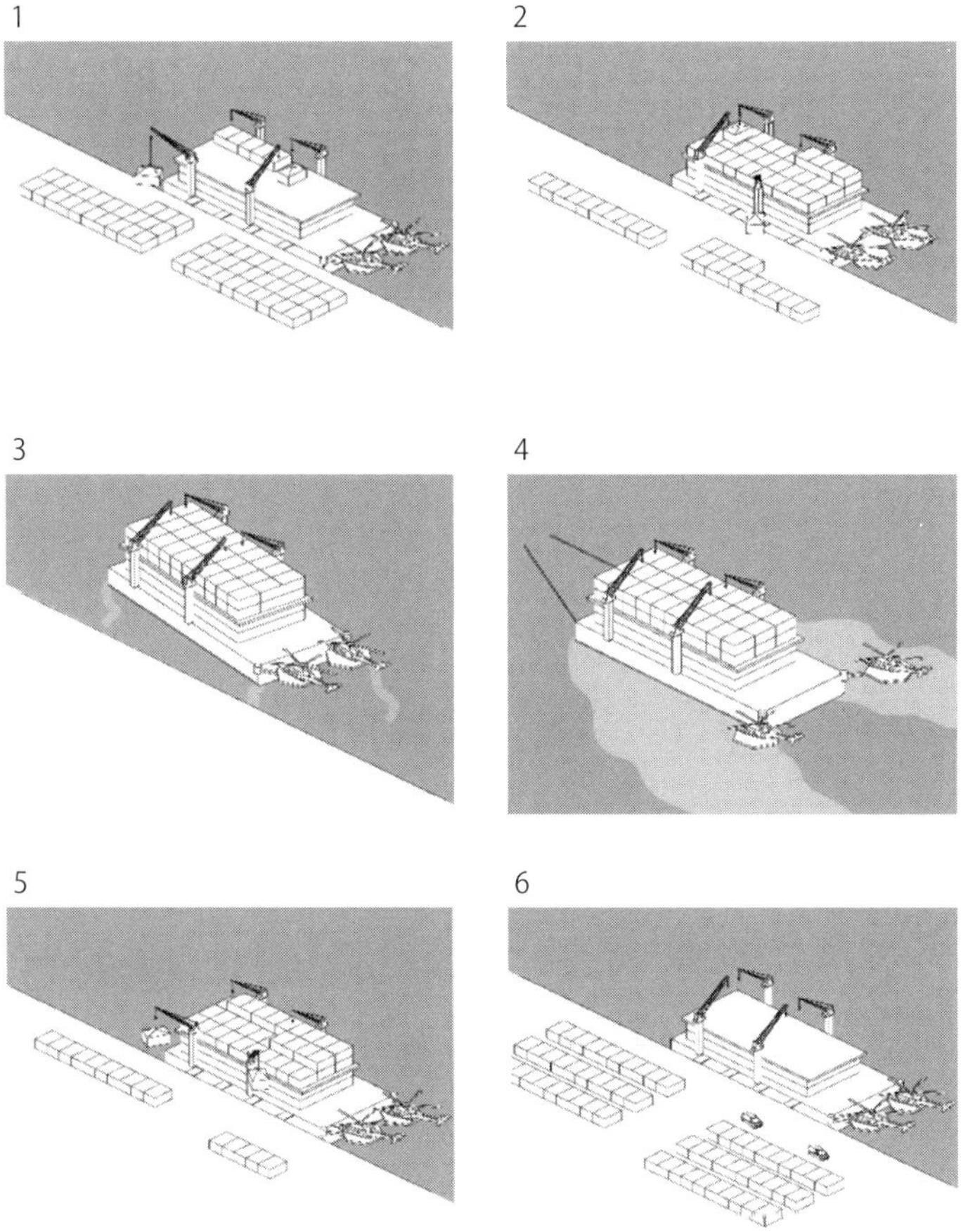

図 7.5　メディフロートのシステム

す。甲板後方には3機のヘリコプターを収容可能なものとします（図7・5）。

7.4 被災地におけるメディフロートの働き

1） メディフロートの活用は、SCUよりも24時間~48時間程度の長期待機が可能な一時収容医療施設として利用（SCUは空港格納庫等を利用のため診療は限定的）

SCUにおける患者の待機は広域医療搬送のための固定翼機による搬送まで時間を要する可能性がある（空港に医療に適した収容施設を予め準備することは困難）。そこで、メディフロートを接岸係留した地域では、一時収容施設として機能させることで、ヘリコプターによりSCUへ搬送、または域内外医療施設へ直接搬送または陸路で搬送する。ただし、一時収容医療施設としての利用は、通常のICUに必要なDMAT以外の職種と必要な医療資源（Stuff）を参集させるルールが必要となり、外傷診療担当の各科医師（脳神経外科、整形外科、一般外科等）及び集中治療医その他、臨床工学技士、薬剤師、放射線科技師、看護助手、医療滅菌等や医療物質廃棄等担当職員が要される。

2） 疾病に特化した一時収容医療施設としての利用

都心部の震災で増加が懸念される熱傷（爆傷）及びCrush Syndromeに対する一時収容医療施設としての利用。どちらも広域医療搬送適応となる疾病であるが、こうした傷病者が多数の場合、SCUからの円滑な域外搬送が困難な場合もある。そのため、傷病者を搬送までの間収容することになる被災地内の被災した災害拠点病院にとって、この2つの疾病は多数のStaff（医療スタッフ）及び多量のStaff（医療資材）を消費するため大きな負担となり、医療資材としての水（透析、輸液）の大量使用も被災病院には負担となる。そこで、2つの疾病患者を集約化し、被災地外搬送までの一時治療を本施設が担う。具体的には、熱傷の創傷処置、悪化防止のためのデブリードメント、輸液管理。Crush Syndromeの持続透析管理。また、爆傷含め、他の外傷合併がある場合は、形成外科の他にも1)に挙げたような他のStaff、Staffが必要となる。

3)　被災地医療用ロジスティックセンターとしての利用

医療収容施設としての機能ではなく、大量の飲料に耐えうる真水製造や治療輸液の製造を行う工場としての活用や医療資器材の滅菌業務や医療廃棄物処理などを担当し、ヘリコプターを使用して各医療施設へ運搬や回収するというロジスティックセンターとして、災害拠点病院への効果的な医療支援を果たす役割を果たすものとします。

第8章 海上都市の夢

8.1 海上に都市・建築をつくる

海の上に浮かぶ都市と言えばイタリアのベニスを思い浮かべる人が多いと思いますが、それ以外にも世界には海と係わりの深い都市はたくさんあります。主なものだけでもオランダ・アムステルダムやデンマーク・コペンハーゲン、オーストラリア・ブリスベン、アメリカ・マイアミ、ブルネイ・バンダルスリブガワンなどを取り上げることができます。これらの場所は地理地形的な条件から、埋め立てや干拓により土地が築かれ水域が生み出されてきています。そのため、水路が町中を縦横に走り、そこに住む住民は水と深く係わる生活を営みつつ、町中に建つ建築や場所は水と深く係わる意匠や親水性に富む空間構成を見せています。また、東南アジアの海や川などに目を向ければ、風土にあったつくりで船住居や筏住居、高床住居などを多数見ることができ、これらが水上集落や町を生み出しています。加えて、アメリカ・サンフランシスコやシアトルの海岸の小さな入り江には１９７０年頃から水辺愛好者によるハウスボートと呼ばれる水上住居が浮かび水上コミュニティが形成されています。ちょっと変わったところでは、16世紀頃メキシコには「ティノチチトラン」と呼ばれた筏の上に土を敷いた巨大人工島が、現在のメキシコシティの場所にあったテスココ湖に浮かべられ30万人程の住民が水上の生活をしていました。また、ペルーのチチカカ湖には葦を使ったトトラと呼ばれる浮島住居があります。こうした各地の事例を踏まえながら、現代の先端技術を用いた海に建つ建築を考えるならば、陸域の都市・建築以上に様々な可能性が期待できます。

先述した19世紀の小説家としてのベルヌの描いた「動く人工島」は、既に現実化されてきていますが、未来の都市や建築を描くことを本業とする建築家やデザイナーたちはどうしたのかと云いますと、やはり海を見ながら夢の海上都市や海洋建築物を多数描いています。ただし、こちらは専門家が描くビジョンであるため、提案されたプランには新たな概念やアイデアが詰め込まれています。

では、建築家や都市計画家たちが海に注目することで海上都市の将来構想や計画が提案されたのはいつごろからなのかと云いますと、今から半世紀程前の１９６０年前後から行われはじめました。この頃は世界的な動向として建築や都市に対する新しい考え方が積極的に議論され模索され、これまでの枠や様式にとらわれない形態や概念の構築に注目が集まった時期でもあります。

日本の場合、この頃は国内経済が上向き産業界も活況を呈する高度経済成長期になりますが、その一方で都市は過密化や交通問題、大気汚染を生み出し、海では埋立てが進み白砂青松の海浜が次々に姿を消してゆき、コンビナートが大都市近郊の海岸に次々と姿を現し、生活環境や自然環境は悪化の一途にありました。こうした閉塞的な状況を打破したいと考える人々の中に若き建築家たちがいました。都市の過密化解消に対して最初に海を使うことを提案したのは、当時の日本住宅公団総裁の加納久朗でした。彼は1958年に千葉県の房総半島の山を崩して東京湾を埋立て、東京晴海と千葉県富津を結ぶラインの千葉県側と羽田と晴海を結ぶラインの内側に広大な土地を生み出し、そこに新たな海上都市を建設しようとする「新東京」構想を発表しました（図8・1）。この案を受け継いだ産業計画会議（1956年発足）はさらに検討を加えることで横浜から千葉県富津に至る湾岸を埋め立て、東京湾中央部に人工島を構築するとした「ネオ・トウキョウ・プラン」をまとめ発表しました。次いで1959年には同じく東京湾上に海上都市を建設する構想を建築家の大高正人が加納構想を基に埋立て方式から杭方式に変えることで、東洋のベニスを生み出す構想を提案しました。構想では埋立てでは得られない水と緑の美しい街を生み出し、高層住宅の足元ではヨットにも乗れるというものでした。一方、「新陳代謝＝メタボリズム」の概念を掲げて、新しい都市や建築のあり方を提案してきた建築家グループがあり、その中のひとりに菊竹清訓がいました。彼は海を有効利用することで新たな都市を創造する構想を「海上都市1958」や「海上都市1960」

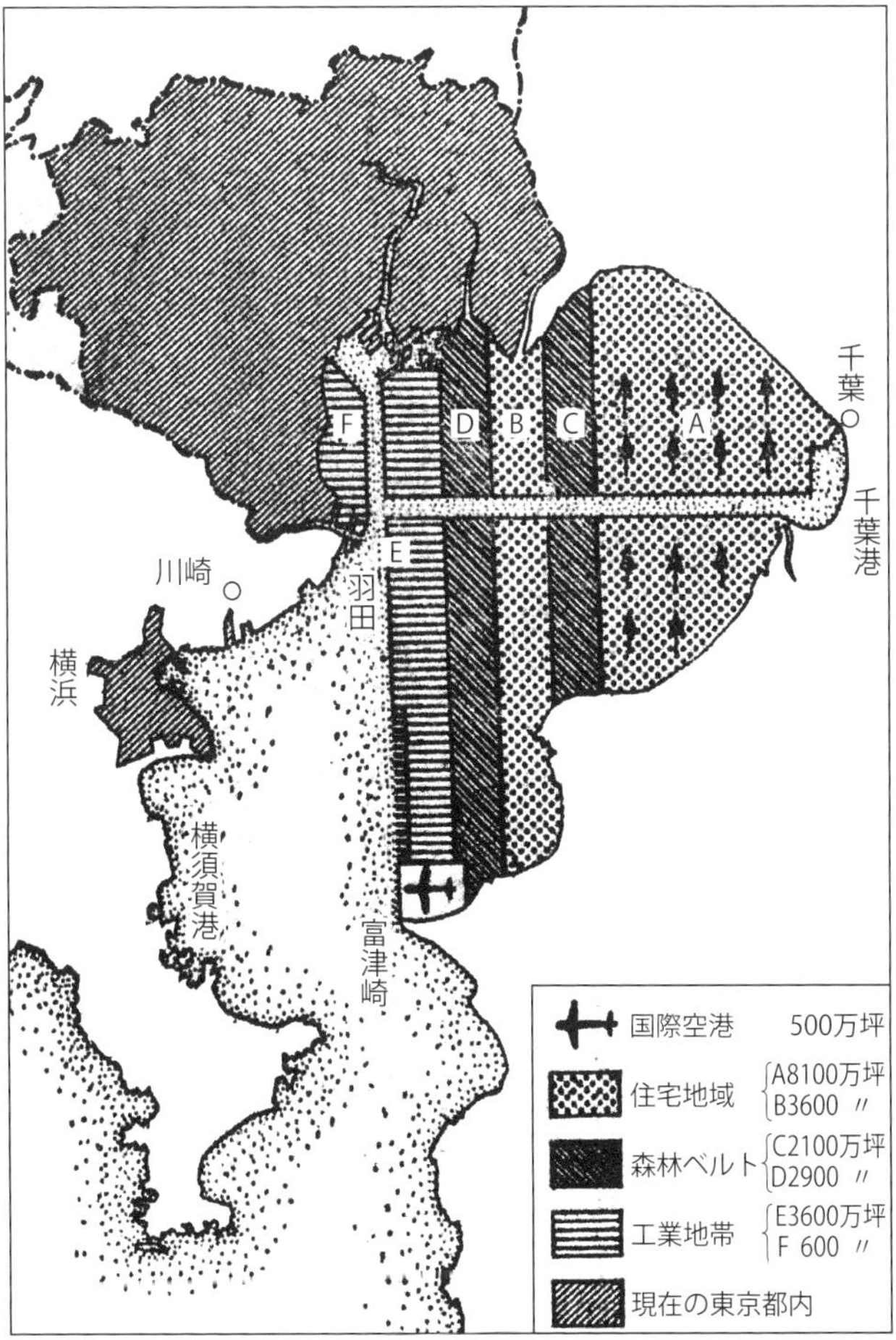

図 8.1　加納久朗による新東京計画

（加納久朗著　新しい首都建設時事親書、時事通信社、1950）

としてまとめ相次いで発表しました（図8・2）。この海上都市構想は、海の上に浮かび移動することを前提としたもので、それまでの埋立てによる土地造成とは違い海の環境や自然を改変せずにそのままにして人工的に土地を建設し都市をつくろうとするもので、都市の機能の更新も容易にでき、もし不用になった場合は移動して解体撤去することも可能であり、跡地は元の何もなかった海面に戻すことができると言うものでした。こうした考え方はメタボリズムの概念に則ったものでした。その後、菊竹の計画はアメリカ建国200年祭を祝うハワイ海上都市計画へと発展していき、70年にはハワイ大学のJ・P・クレイバン教授との共同研究がスタートしました。この計画はハワイ・ワイキキ沖3マイルに人口3万人を収容できる延べ面積45haの

人物コラム

海上都市のパイオニア、「アクアポリス」を設計

菊竹清訓（きくたけ　きよのり）
1928.4.1 – 2011.12.26

建築家、博士（工学）。福岡県生まれ、1950年早稲田大学理工学部建築学科卒業。卒業後竹中工務店、森建築設計事務所を経て1953年に菊竹清訓建築設計事務所開設。建築作品はスカイハウス(自邸)、出雲大社庁の舎、江戸東京博物館、北九州メディアドーム、島根県立美術館など多数。

1957年に当時の都市が抱える人口集中による土地問題の解決策として「搭状コミュニティ構想」を発表した。この構想はシャフト状の直径50m、高さ300m規模の垂直の人工土地を東京都内に1000本程度建てることで都心部の土地問題を解決しようとするものであった。この垂直のシャフトには伸縮する円筒状住居ユニットが取り付けられ、住居内部は二階建てで日中は伸びて大きく、夜間は小さくなる可変システムを持ち内部容量を調整し、エネルギーロスを抑える配慮がされた。また、1本あたり住居数は1250戸、45000人が想定された。

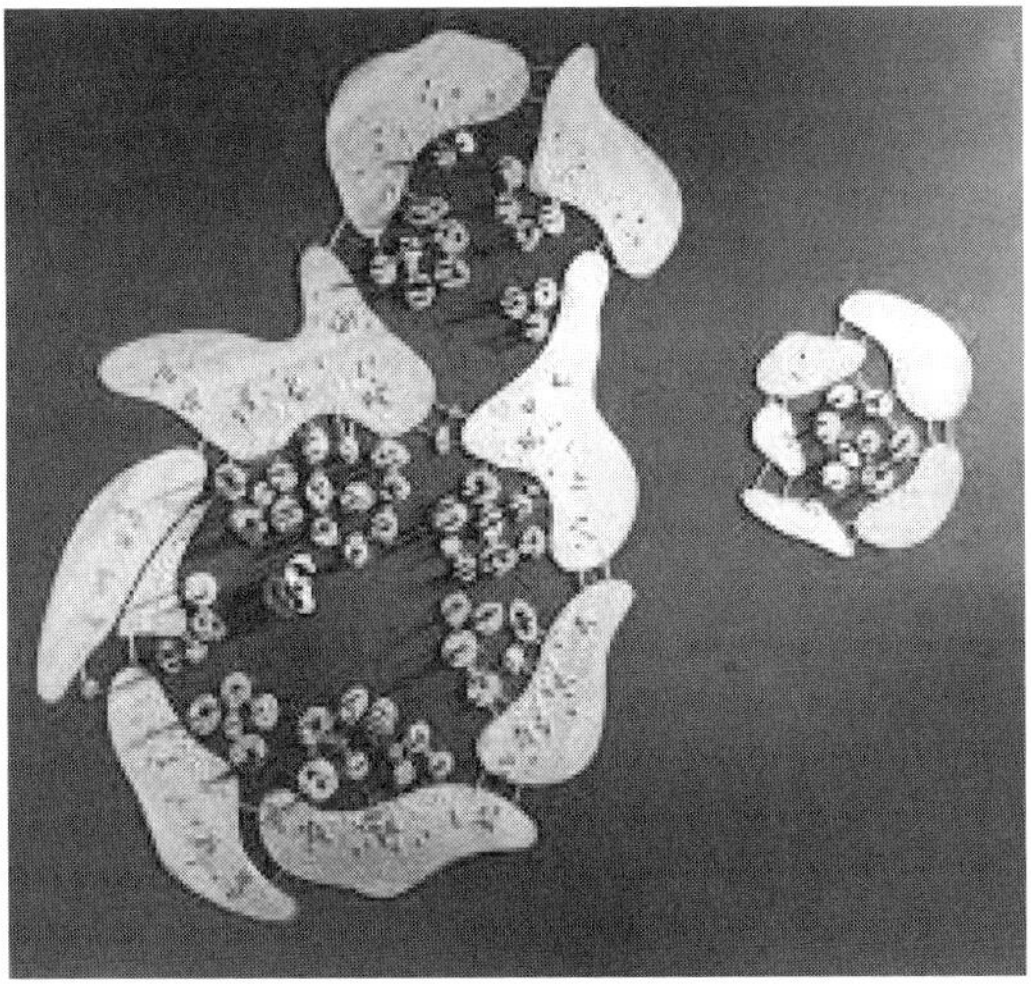

図 8.2　海上都市 1958

その後1959年には黒川紀章ら当時の若手建築家らと共に「メタボリズム（新陳代謝）グループ」を結成し、社会の変化や人口の増大による環境の変化に素早く適応できる生物的イメージ（新陳代謝）による建築や都市のあり方を追及する建築運動を展開した。この中で菊竹は「代謝建築論か・かた・かたち」を提唱し、機能主義の限界を打破する建築と都市のあり方を説き、そのコンセプトと搭状コミュニティ構想を発展させた「海上都市構想」を発表した。この構想は陸上に立体的な土地を開発するのは限界があるが、海上に埋立て以外の方法で都市を建設することにより、都市や建築空間の移動や再編は容易になるが可能になるとの考え方が展開された。この考え方に基づき、海面に浮かぶ人工地盤の上に垂直に伸びるコアシャフトが立ち、そこにカプセル状の住居が取り付き、住居の機能は容易に機能更新できるというもので、この海上都市構想は海洋空間利用の先駆け的提案であった。

その後も1960年と1963年に新しい「海上都市」の構想が発表された。1970年にはアメリカハワイ大学との共同により、ワイキキ沖3カイリにアメリカ建国200年を祝う万博会場を浮かべる実現化を目指した計画立案がされたが、実現直前にアメリカを襲った経済不況により計画は頓挫した。

これに代わり1975年に開催された沖縄海洋博において世界初となる海上実験都市「アクアポリス」が日本政府から出展され、その設計・デザインに携わった。

海上都市を浮かべようとするものであり、二重リング状の浮体式構造で構成され1つのモジュールは3つのボトル型浮体式構造物でつくられ、それが28個組み合わされることで構成される浮かぶ海上都市でした（図8・3）。完成年度を1978年としていましたが、経済状況の急変により計画は頓挫し、万博会場となる海上都市は実現することはできませんでした。また、菊竹構想の発表後、丹下健三は「東京計画1960」を発表しています。こちらは、東京の都市空間の発展方向を東京湾上に伸ばし、海上に500万人が生活する新たな都市を構築しようとするものであり、都市の骨格をなすメガストラクチュアと機能更新可能な建築をマイナーストラクチュアとする概念に基づく壮大な構想でした。いずれも硬直化した陸域から抜け

人物コラム

丹下健三（たんげ　けんぞう）

1913.9.4 – 2005.3.22

建築家、都市計画家、工学博士。大阪府堺市生まれ。1938年東京帝国大学工学部建築学科卒業、1946年東京大学大学院修了後、東京帝国大学助教授就任。その後、九州大学助教授等を経て1963年東京大学工学部都市工学科教授、その間に丹下健三＋都市・建築設計研究所主宰。

「海」への思いを、都市づくりに反映

戦後復興期から高度経済成長期にかけて多くのプロジェクトに参画。代表作品には代々木屋内競技場、東京カテドラル、フジテレビ本社、東京都庁舎など多数。1949年の広島平和記念公園コンペでは原爆ドームと平和大通りを直行させた都市軸を通す計画案によりコンペを勝ち取った。

1959年には建築家の菊竹清訓（海上都市）や大高正人（海上帯状都市）、日本住宅公団総裁加納久朗（NEO TOKYO PLAN）などにより、当時の都市が抱える人口集中や土地問題を海上において解決する提案が発表された。この時期、丹下健三はアメリカMIT（マサチューセッツ工科

図 8.3　ハワイの海上都市計画

大学）でボストン湾上をモデルとして、今後の都市の成長に高速道路の発展は欠かすことができないとの考えに基づき、交通と住居の新たなあり方を「２５０００人のためのコミュニティ計画」として提案した。当時、都市における高速交通網の発展に着目した建築家はおらず、本構想では湾上に陸域とは高速道路だけで結ばれ、道路を基幹構造（メガストラクチャー）として、そこに住居などの建築機能（マイナーストラクチャー）がプレハブユニットにより付加されることで、都市の成長に合わせて建築は機能更新を図るとした新たな考え方を提案した。その後１９６０年には東京都心から東京湾を超えて２本の交通網が千葉木更津まで伸びる「東京計画１９６０」をまとめた。この交通網は有機生命体の脊髄の成長過程を模した都市軸を構成し、この軸に沿って建築が連なると共に海上に浮遊式の建築が連なり、機能更新が容易に行える。その後、１９７０年には東京計画１９６０を発展させた「東京計画１９６０-２０００」を発表した。この構想では先の都市軸に加え緑の軸を新たに導入し、さらに、浮かぶ海上都市の構想が提案された。この提案は陸域から延伸された基幹施設に１００ｍ×１００ｍの住居ユニットが群をなすように配されている。

　これらの計画で示された「海」の利用は、丹下が１９５５年に語った「東京の人は海の楽しい雰囲気を知らない」の発言までさかのぼることになり、こうした思いを都市づくりに反映したものと思われる。

出し、海域に新たな都市空間を創造しようとするものでありました。その後、環境問題や都市の過密化、土地利用上の制限、海洋資源の有効利用などの各種の課題・問題点を解決する切り札として海洋空間の有効活用は世界的な広がりを見せ、海上都市から海上空港、人工浮地盤などの各種構想が国内外で次々に発表されました。１９５０年代後半から主に建築家たちによって提案されてきた海上都市計画についてその歴史的系譜を示します（表８・１）。

そして、１９７５年には沖縄で初の海洋博覧会が開催され、ここに未来の海上都市のモデルとして世界初となる浮体式構造形式による「アクアポリス」が姿を現しました。その後１９８０年代後半になり日本ではウォーターフロントのブームが到来し、各地で新たな海洋建

人物コラム

海洋建築の提唱者、建築学の海への進出

加藤　渉（かとう　わたる）

1915.8.15 – 1997.6.12

日本大学名誉教授、工学博士。1940年日本大学工学部建築学科卒業、大陸科学院建築研究室勤務。1947年日本大学助教授として復帰、その後教授となり、1973年から理工学部長を12年間歴任。その間にカトー設計やカトー基礎調査研究所を主宰。専門は応用力学、土質力学。

大陸科学院時代に物資輸送のための船舶不足によりコンクリート船の建造が急務となり、5000トンの船の建造に参画することになり建築学における海洋研究の重要性を認識。大学に復帰後は建築作品における構造分野を担当し多数の作品をつくり、新潟市体育館、千葉県立体育館、柏市駅前再開発などがある他、都市問題解決の方策として都心部を循環する鉄道軌道上の空間利用（空中権）に着目し、軌道空間都市構想（トラポリス構想）を提案した。

大学人としては後身育成や大学院のあり方として社会人大学院開設の先駆的取り組みを行うと共に新たな学科創設

築物が造られるようになりました。

一方、海上都市をつくる要素としての建築を「海洋建築」と定義して、陸域の人間活動を海の上まで延長する考え方を提案したのが構造家の加藤渉です。菊竹清訓や丹下健三は都市空間スケールで海を利用することを提案しましたが、加藤は建築空間スケールとやや小ぶりではあるものの、個々（建築）の集まりが全体を構成する。すなわち、個の集合体が都市をつくるとの考えに基づき海洋建築を追及しました。海洋建築物は海上都市と比べるとはるかに小規模で都市を構成する一要素にすぎませんが、80年代後半、当時の海や水辺に対する人々の関心が後押しする形で、様々な用途・形態のものが建設されてきました。その中で浮体式構造物に限って見て行きますと、円環状の下田海中水族

を行い学問のすそ野の拡大に貢献した。学界においても新たな学問分野開拓を積極的に担い土質工学会設立などを行った。特に建築学の分野においては１９７６年に「建築学の海洋工学への参画」の考え方を打ち出し、新たに「海洋建築工学」の分野を開拓し、海洋空間の有効利用を建築学の視点から捉え、海の持つ空間価値の重要性を説くと共に建築分野（教育、研究）の領域の拡大を図った。そして、日本建築学会に海洋委員会を設置すると共に、母校の日本大学理工学部に海洋建築工学科を１９７８年４月に開設した。また、国連ユネスコＩＯＣ諮問機関ＥＣＯＲ（海洋資源工学委員会）日本委員会会長や科学技術庁海洋開発審議会委員などに就任し、建築学の立場から海洋空間の有効利用を積極的に説いた。その一方で、地方都市における空港問題解決のために、海上への空港移転方策を「ＯＣＥＡＮ　ＡＩＲＰＲＯＴ構想」としてまとめた。この構想では空港建設に必要とされる浮体式ユニットを地方の造船所ドックを活用することで同時に多数のユニット建設を可能にすることで、工期の短縮にもつながり、中小造船業の振興をも同時に図ることができる構想であった。また、２００カイリ経済水域の有効活用を図ることを念頭に置き、水産業の近代化を推進する方策として、従来の漁業生産とは異なるつくり育てる漁業の推進を沖合展開する方策として「海上漁業基地構想」をまとめた。

表 8.1　建築家の提案した主な海上都市構想の歴史（メガフロート登場以前のもの）

年代	計画名	提案者名
1958	新東京構想 海上都市計画 ネオ・トウキョウプラン	加納久朗 菊竹清則 産業計画会議
1959	イントラポリス エリス島居住計画 ボストン湾海上コミュニティ 東京湾上都市の提案	ウォルター・ヨナス フランク・ロイド・ライト 丹下健三 大高正人
1960	モナコの浮かぶ都市 海上都市計画「海原計画」 東京計画 1960	ウィリアム・カタボロス 菊竹清則 丹下健三
1961	霞ヶ浦計画 1961	黒川紀章
1963	海上都市計画 1963	菊竹清則
1964	動く都市	リチャード・マイヤー
1966	レジャー都市 浮遊都市 ハイドロポリス	エドワード・アルバート ＋J・クストー ポール・メイモント R・デルナッヒ
1968	トリトンシティ アーバン・マトリクス シーシティ	リチャード・バックミンスター・ フラー スタンリー・タイガーマン ピルキントンガラス時代委員会
1970	フローティング・ビレッジ	ディマス・ウェイグル
1971	東京計画 1960－2000 ハワイ海上都市計画 実験都市 浮かぶ海上都市	丹下健三 菊竹清則、J・P・クレーバン ＋ハワイ大学 ルイジ・R・ロゼンジーニ 丹下健三
1973	マリーナ基地	セルジオ・ザンピエール
1975	アクアポリス	菊竹清則
1976	1986　海洋情報都市	寺井精英
1987	東京改造計画緊急提言 センチュリーアイランド	グループ 2050　黒川紀章 沿岸開発技術センター
1991	セブンアイランド構想	プロジェクト産業協会
1994	海市（haishi）	磯崎新

館（静岡県）、マリーナの防波堤を兼ねた水族館とギャラリー機能を持つフローティングアイランド（広島県）、観覧施設のエストレーヤ（広島県）など主にレクリエーション用途としてつくられたものを見ることができます。また、これらが建設される背景を見ると、①施設の独自性を生み出すために海上に建設されたもの、②海中海上の景観や展望を観覧するために建設されたもの、③敷地が浸食されたり水没し、その跡地の海域に建設されたもの、④陸域用地の代替措置として海上に建設されたもの、⑤施工の効率性を追求し造船ドック内で建造された後、曳航されて設置海域に建設されたもの、⑥施設の跡地利用として保存、転用されたものなどに分類整理できます。

8.2　日本の現状、世界の現状

(1) 日本の現状

実現化された海上都市は一体どんなものがあるか、日本国内においては、江戸時代に長崎に造られた出島があります。当時の幕府は鎖国政策の一環として諸外国との通商を禁止していましたが、唯一門戸を開いていたポルトガルに対してもこの島内に限り活動が許されていました。時代が変わり神戸で人工島形式によるはじめての海上都市が誕生しました。１９８１年に「ポートアイランド」、１９８８年に「六甲アイランド」がそれぞれ竣工しました。この人工島を建設するに当たっては、「山、海へ行く」をキャッチフレーズに六甲山系の山を切開き、そこから掘り出された土砂を用いて神戸港沖合に人工島を築き、土砂採取の跡地にも「ニュータウン」が整備されるという一石二鳥の開発がなされました。神戸は元々海と山に挟まれた狭隘な地域のため都市の発展余地が望めませんでしたが、目の前の海の有効利用を埋め立てによる人工島を建設することにより既存の都市空間の補完を図ると共に、新たな港湾施設の整備充実を図ることができるというものでした。この海上都市は神戸の中心部とは橋やトンネルによって結ばれており、現在は3大学がキャンパスを開設し、理化学研究所神戸研究所など11の研究関連施設と158の医療関連企業が進出し、国内最大級の医療クラスターを形成しています。この沖合には同じく人工島方式による神戸空港が立地しています。ポートアイランドの東側の海上には第2の海上都市として六甲アイランドがありますが、船舶の大型化に対応した港湾施設整備、高度情報化、国際化に対応した複合型都市整備を目指して建設されました。面積規模はポートアイランドの約1・3倍の580haあります。

和歌山マリーナシティは、1994年に竣工した人工島形式の海上都市で、国際級の大型マリーナを中心としてテーマパークやマンションなどが立地する親水性に富む都市近郊型のリゾートコンプレックスを目指して建設されました。開発規模は49ha、水域規模は16haあり、マリーナの収容能力は1000隻を超えます。人工島の周囲を囲む護岸は親水性に配慮したデザインが取り入れられています。

東京臨海副都心もいうなれば人工島方式の海上都市と呼べるものです。江戸時代末期幕府により黒船来航に備えて台場造りがなされた場所です。その後、この海域は1940年の東京港開港以降、埋め立て工

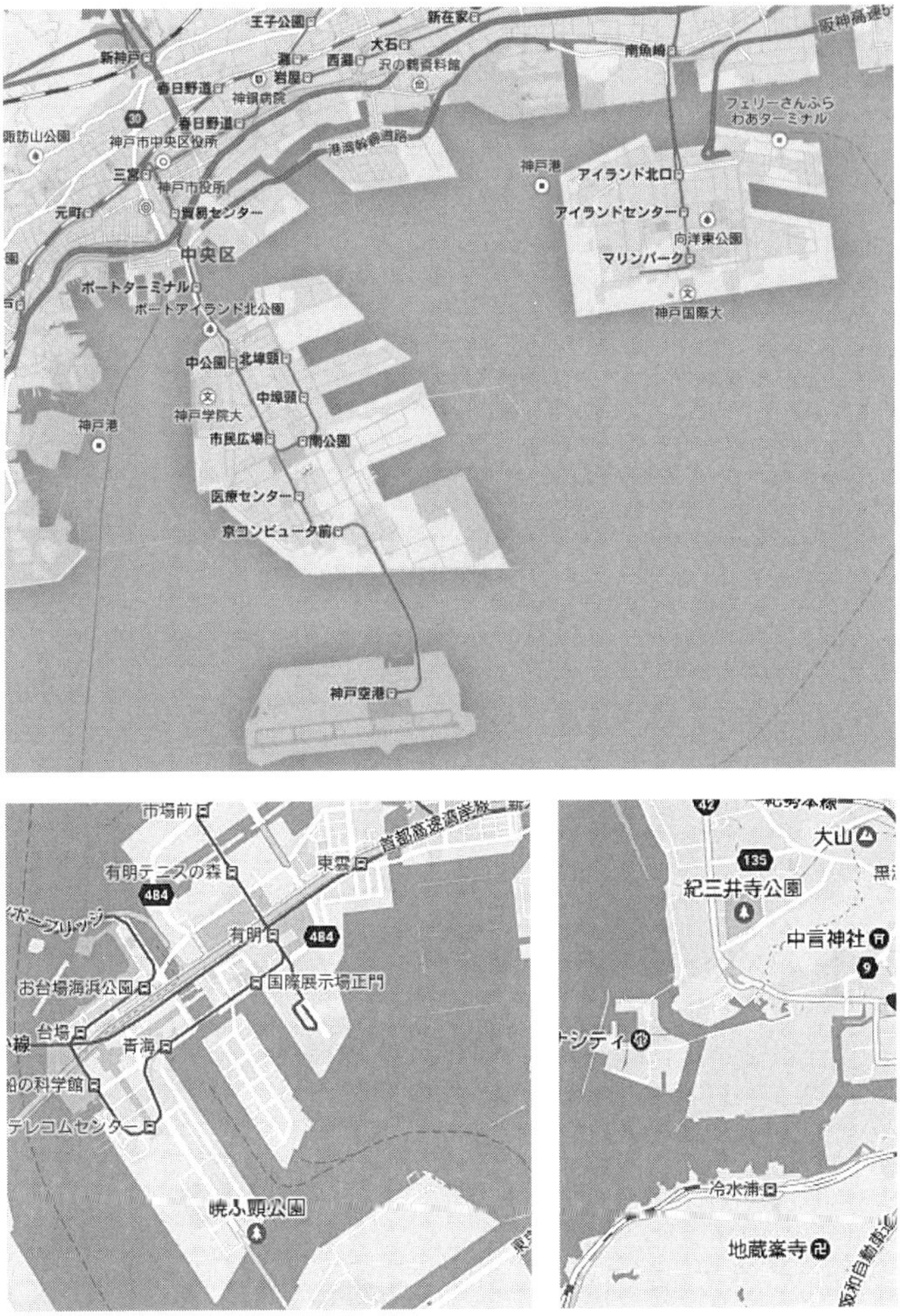

図 8.4　神戸ポートアイランド（上左）・六甲アイランド（上右）・お台場（左下）・和歌山マリーナシティ（右下）の規模比較（Google Map）

事が順次進められ、現在は東京港埋立地10号地、13号地からなる442haの規模の人工島となっています。この人工島における臨海副都心の建設はバブル期にはじまり、TV局、娯楽・商業施設や国際展示場など多様な施設が集積し、海上公園も立地しています。今日では東京の一大観光地となっています（図8・4）。

このように人工島方式による海上都市は、取り上げたもの以外にも各地に大小さまざまなものが建設されてきていますが、概ね、都市の地先水面の沖合を埋め立てることで人工島が建設され、そこに都市機能が整備されることで、既存の都市機能や都市空間を補完する役割を担ってきています。

(2) 世界の現状

世界に目を向けて海上都市を探しだすと、資源採掘からレクリエーション・リゾートまで、幅広い範囲で比較的多様な機能・用途による大規模な海上都市が造りだされていることが分かります。例えば、カスピ海は「海か湖か」の議論があり、海の場合は沿岸国に資源採掘権があり、湖の場合は周辺国でその資源を分け合うことになります。その問題はさておき、ここには石油資源の採取を目的とした巨大な海上都市が造られてきている。「ネルフトカミニ（英訳は「Oil rocks」の意味）」と呼ばれる海上油田都市があります。日本ではバクー油田と呼ばれています。この海上都市は油田採掘施設以外にも海上に工場、住宅、病院など多数の施設が建てられ上下水道など社会基盤も整備されてきています。こうした各種施設の集まる大小さまざまな規模の人工島が桟橋状の道路で結ばれ海上の都市を形づくってきています。また、アゼル

図 8.5　ポール・グリモー（Google Earth）

バイジャンではカスピ海上に78の人工島を建設し、100万人が居住する巨大海上都市を造る「カザール・アイランド・プロジェクト」が進められています。

一方、リゾート・レクリエーションを楽しむ海上都市「ポール・グリモー」が、フランス・プロヴァンス地方サン・トロペ湾にあります。ここは仏人建築家フランソワ・スポエリーにより「プロバンスのベニス」として、湾に面した海浜湿地帯の75haを浚渫することで、土地と水域をつくり海上に浮かぶ街を生み出し、そこにはヨットの係留できる住居が全長7㎞の運河に建ち並んでいます（図8・5）。

また、海上都市の計画を展開してきている国は、概ね国土面積が狭小で海岸線が短いなどの問題を抱えています。モナコ王国の場合、狭小な国土に対して地先の海域を有効活用する構想が1960年代からいくつも検討されてきました。その結果、今日では国土が

25％拡大し、モナコの西端一帯のフォンビエイユ海域では、住宅、政府機関施設、競技場、ヨットハーバーがあり2500人が居住する22万㎡の土地（領土）が造りだされました。これに続く「フォンビエイユⅡ」プロジェクトが進められています。こちらは新領土の先の海上を利用する計画ですが、モナコの海岸付近の水深は50m以上もあるため、海中に基盤構造物を設置することで海面上を居住空間として利用し、海面下を駐車場利用する立体活用がなされ、これをシーウォール（海の壁）と呼ばれる浮体式の防風・防波堤で取り囲むことにより、新たに20万㎡の領土が確保されることになっています。

アラブ首長国連邦を構成する首長国の1つであるドバイ、ここでは観光を基軸とした政策により、地先海域に人工島による群島である「パーム・アイランド」が建設されてきています。これらの人工島は既存の海岸線が短いため、ヤシの枝葉や群島のような形状にすることで海岸線距離を延伸することが意図され、総延長は120㎞程長くなるようです。このパーム・アイランドは完成時には100以上の高級ホテルと1400戸以上の別荘、商業エリアからなる一大リゾート地を形成する計画です（図8・6）。このパーム・アイランドは大きく分けてパーム・ジュメイラ（Palm Jumeirah）、パーム・ジュベル（Palm Jebel）、パーム・デイラ（Palm Deira）の3つの群島からなり、全てヤシの木（パームツリー）を模しています。この内、パーム・ジュメイラは観光地・別荘地として開発され、幹に当たる部分から枝葉が16本延び、周囲は全長11㎞の三日月形の防波堤が取り囲んでいます。敷地は5㎞の円形で、幹の根元は本土と300mの橋で結ばれており、周囲の三日月形防波堤は幹の先と海底トンネルで結ばれています。島内には高級コンド

図 8.6　ドバイの人工島による海上都市構想

（http://www.tabisuki.jp/DUBAI/DUBAI_3.htm）

ミニアム、戸建て、マンション、ホテル及び商業施設などが建てられています。パーム・ジェベル・アリは、ドバイ最大の港湾ジェベル・アリ港の西側に位置する人工島群で25万人が住む計画です。2002年10月に建設がはじまり、２００８年完成予定でしたが遅れています。パーム・デイラは、２００４年10月に計画が発表され、当初の規模はパーム・ジュメイラの8倍、パーム・ジェベル・アリの5倍が想定されていたが、その後に計画は縮小され、２０１３年には計画名も「ディラ・アイランド」に変更されました。

　ドバイウォーターフロントは、アラブ首長国連邦のドバイに計画中の世界最大の人工島のリゾートです。このプロジェクトはパーム・アイランドのパーム・ジェベル・アリ地区を囲むようにC型に人工島群が建設され、およそ70㎞の海岸線が作られます。

　ザ・ワールドは、地球の陸地を表した人工島群で世界地図を模している。島は全部で３００以上あり、島の面積は１万

4000㎡から4万2000㎡までと大きさや特徴の違う島々で構成されています。この人工島群の中には、劇場や美術館などのテーマパークも建設される予定になっています。

こうした海岸線延長の意味を含めた人工島建設と同時に、この国では凄まじい砂嵐が時折発生するため、この被害を回避するため海上空港建設がメガフロートにより構想されました。

8.3 海の上に都市をつくる夢

地球環境の変化への対応

温暖化の影響による気候変動でサイクロンが多発するバングラディッシュでは、低地で洪水が頻発するようになり、生活や生業が脅かされると共に、野生生物の生息環境にも変化を及ぼしています。そのため、生活に係る病院や学校などの施設機能を舟に搭載することで環境変動がもたらす水位上昇による洪水被害に対処してきています。また、自然災害として河川や海から洪水・浸水被害を受ける地域があるアメリカやオランダでは、洪水時に浮上することで被害を免れる浮体式の住宅を導入する動きもあります。

一方、大洋州に位置するキリバスは島嶼群から成り立つ島国であり、国土を成す島はラグーンを有する環礁や外洋に囲まれた礁島などからなり、すべての島が海抜4m以下の扁平な国土となっている。そのため、気候変動による海面上昇や海岸侵食による影響は極めて深刻な状況を招くと予測され、タラワ環礁のラグーン内に位置するビケマン島の消失や環礁の北端に位置したアバイララン島の水没及び海岸付近の土地の高潮による冠水被害が増加したり、海水面の上昇による生活用水への塩水の浸透問題が発生し農作物に直接的、間接的に影響が作用するなど、気候変動の影響は生活環境全般に内在化してきています。

このように狭小狭隘な国土空間の有効利用や時限的な空間活用、場所性に対する配慮、自然災害の影響を緩和する対策等、浮体式構造物や海洋建築的思考（人間活動を海まで拡張する）により、海洋空間の有効利用を展開する取り組みが増えてきています。

現在の東京は今日世界経済の中枢を担っていますが、その中心的な役割を東京駅周辺の丸の内、日比谷地区が果たしています。ここは１６００年代に海を埋め立てることで誕生した場所であり、言うなれば海の上に造られた都市、すなわち海上都市と呼べる場所かもしれません。ただ、こうしたことを知る人は必ずしも多くはありません。おそらく未来の都市住民は今の姿を想像することが困難なほどに変貌と成長を遂げるのではないでしょうか、生まれ来るその姿に期待したいと思います。

おわりに

本書をまとめることにつきましては幾つかの思いがありました。まず、これまで出版されてきた海の利用について言及した本は専門的な色合いが濃く、環境的側面や土木的側面、海洋工学的側面に赴きがおかれ内容も技術的なものが多いように思えます。そのため、もう少し歴史的視点や計画的視点を加味しながら、海洋空間の利用のための技術的側面を取り上げてみたいと考えました。また、海洋空間の利用については、昔から行われてきていますが、彼ら先人たちは如何なる思いや考え方を持ち取り組んできたのか？さらに、海洋構造物の歴史的発展過程や建築家たちの思い描いてきた海の利用の姿や海上都市の姿は？そして、超大型浮体式構造物〝メガフロート〟に対する興味・関心、加えて、近年のゼネコンやＩＴ企業が取り組む海洋空間の利用動向などにも関心がありました。この中で、特にメガフロートにつきましては数十年前、さほど大きな記事で新聞は取り扱ってはいませんでしたが、今でも航空機を使った実験の成功を伝える写真が鮮明に私の脳裏に焼き付いており、記事を見た瞬間、遂に本格的な海洋空間利用がはじまるんだと心の中で叫んだことを思い出します。同じような思いに駆られた人は私の周囲には結構たくさんいます。その後、羽田空港の拡張工事などでメガフロートの実用化が検討されることを伝えるニュースにも心躍るものを感じました。こうした思いを持つ研究仲間と海洋空間利用について体系化を試みようということになり、技術開発の歴史や技術的困難の克服、建築家の夢などをできるだけ多面的に取り上げてまとめることにしました。

従来、海洋空間利用については、主に資源・エネルギー開発や都市部の人口集中問題に起因した居住空間の確保、海洋リゾートにおける居住施設の利用が意図されてきましたが、近年の新たな社会的要請としては、地球温暖化に伴う低地部の冠水被害や水位上昇に伴う浸水被害、津波・高潮被害等の自然災害への対応策としての利用が求められてきており、その方策として海洋建築的思考による「浮かす」ことに対する期待が高まっています。また、アメリカでは公海上に新たな主権国家をつくる実験が経済学者やシリコンバレーのエンジニアによりはじめられています。このように海洋空間の利用は時代と共に変化し、そこには新たな英知の結集と多くの熱い眼差しが注がれています。

本書を出版するにあたっては、著者らがこれまで行ってきました調査研究報告や著書及び日本大学理工学部プロジェクト助成金の研究成果などの参考活用があります。また、最後になりますが、日本大学客員教授・東京大学名誉教授　前田久明先生並びに一般財団法人日本造船技術センター技術顧問　友井武人氏からはメガフロートの誕生までの様々なお話をお聞きする機会をいただきましたこと深く感謝申し上げます。また、出版にあたり成山堂書店の小川典子社長には一方ならぬお世話になり記して感謝申し上げます。

平成29年2月

海洋建築研究会　畔柳　昭雄

【な・は行】

【ま・や・ら行】

(巻末からご覧ください。)

索　引

参考文献

畔柳昭雄・渡辺富雄編：「海洋建築の構図」，PROCESS 96，プロセスアーキテクチャー，1991
国土交通省編：「国土交通白書 2016」，第 1 部第 1 章第 2 節経済動向とインフラ整備，http://www.mlit.go.jp/hakusyo/mlit/h27/hakusho/h28/index.html，2017.1
港湾学術交流会編：「新版港湾工学」，朝倉書店，2014
東京湾環境情報センター：東京湾を取り巻く環境，http://www.tbeic.go.jp/kankyo/mizugiwa.asp，2017.1
衣本啓介：「羽田空港の歴史」，日本地図学会，vol.48，No.4，2010
海上保安庁：日本の領海等概念図，https://www1.kaiho.mlit.go.jp/JODC/ryokai/ryokai_setsuzoku.html，2017.1
財務省：平成 27 年度塩需給実績，http://www.mof.go.jp/tab_salt/reference/salt_result/st20160617.htm，2017.1
公益財団法人塩事業センター：塩百科，世界の塩の自給率，http://www.shiojigyo.com/siohyakka/number/sufficiency.html，2017.1
経済産業省：「エネルギー白書 2004」，第 1 部第 3 章第 2 節エネルギー源 - の多様化，http://www.enecho.meti.go.jp/about/whitepaper/2004html/1-3-2.html，2017.1
水産庁：「平成 26 年度水産白書」，第 1 章第 1 節⑷我が国の漁船漁業生産状況の移り変わり，http://www.jfa.maff.go.jp/j/kikaku/wpaper/h26/index.html，2017.1
小林昭男：「海と海洋建築」，第 9 章海洋建築を設計しよう，成山堂書店，2012
国土交通省関東地方整備局：関東地方整備局における事業評価，平成 23 年度第 10 回資料 3-2- ①「東京国際空港沖合事業第 3 期計画」，http://www.ktr.mlit.go.jp/shihon/shihon00000083.html，2017.1
マリンフロート推進機構編：「大規模浮体構造物」，鹿島出版会，2000
ジュール・ヴェルヌ，石川湧訳：「海底二万里」，岩波書店，1956
メガフロート技術研究組合：「メガフロートの空港利用に関する実証的研究 平成 10 年度研究成果報告書」，日本財団，1999.3
メガフロート技術研究組合：「メガフロートの空港利用に関する実証的研究 平成 11 年度研究成果報告書」，日本財団，2000.3
メガフロート技術研究組合：「メガフロートの空港利用に関する実証的研究 平成 12 年度研究成果報告書」，日本財団，2001.3
山本善之，大坪英臣，角洋一，藤野正隆共著：「船体構造力学（二訂版）」，成山堂書店，2004
粟津清蔵監修，國澤正和，福山和夫，西田秀行共著：「絵とき水理学（改訂 2 版）」，オーム社，2009
小林理市：わかりやすい海洋建築物の設計，第 1 版，オーム社，1995.3
飯島一博，鈴木英之，井上俊司，高木健，岡田真三，前田克弥，尾崎雅彦，正信聡太郎，神田雅光，松浦正己:船舶海洋工学シリーズ 12　海洋構造物，初版，成山堂書店，2013.6
マリンフロート推進機構　編著:浮体式海上空港－巨大プロジェクトへの挑戦，鹿島出版，1997.6
社）日本造船学会　海洋工学委員会性能部会　編:超大型浮体構造物，初版，成山堂書店，1995.8
社）日本造船学会　海洋工学委員会構造部会　編:超大型浮体構造物の構造設計，初版，成山堂書店，2004.11
S.K. Chakrabarti　編著：Chapter 9 “Hydroelastic interaction” by H. Maeda and T. Ikoma, Numerical Models in Fluid Structure Interaction -Advances in Fluid Mechanics, Vol.42-, WIT Press, 2005

編者紹介

畔柳昭雄（くろやなぎ あきお）編集　第 2 章、8 章、9 章

1952 年生まれ

1981 年日本大学大学院理工学研究科建築学専攻博士課程後期修了

日本大学理工学部海洋建築工学科教授　工学博士

専門分野：建築計画学・親水工学

小林昭男（こばやし あきお）第 1 章

1955 年生まれ

1985 年日本大学大学院理工学研究科海洋建築工学専攻博士課程後期修了

日本大学理工学部海洋建築工学科教授　工学博士

専門分野：海岸工学

増田光一（ますだ こういち）第 4 章

1951 年生まれ

1978 年日本大学大学院理工学研究科建築学専攻博士課程後期修了

日本大学理工学部海洋建築工学科教授　工学博士

専門分野：海洋流体工学・浮体工学

居駒知樹（いこま ともき）第 3 章、4 章

1969 年生まれ

1997 年日本大学大学院理工学研究科海洋建築工学専攻博士課程後期修了

日本大学理工学部海洋建築工学科教授　博士（工学）

専門分野：浮体運動工学

惠藤浩朗（えとう ひろあき）第 3 章

1974 年生まれ

2002 年日本大学大学院理工学研究科海洋建築工学専攻博士課程後期修了

日本大学理工学部海洋建築工学科准教授　博士（工学）

専門分野：海洋構造工学・水力弾性学

佐藤千昭（さとう ちあき）第 2 章、5 章、6 章、7 章

1939 年生まれ

1964 年東京大学工学部船舶工学科卒業

日本大学理工学部上席研究員　博士（工学）

専門分野：船舶工学